本書に関するお問い合わせ

この度は小社書籍をご購入いただき誠にありがとうございます。小社では本書の内容に関するご質問を受け付けております。本書を読み進めていただきます中でご不明な箇所がございましたらお問い合わせください。なお、お問い合わせに関しましては下記のガイドラインを設けております。恐れ入りますが、ご質問の際は最初に下記ガイドラインをご確認ください。

ご質問の前に

小社 Web サイトで「正誤表」をご確認ください。最新の正誤情報をサポートページに掲載しております。

▶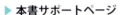
本書サポートページ
https://isbn2.sbcr.jp/26754/

上記ページの「正誤情報」のリンクをクリックしてください。なお、正誤情報がない場合、リンクをクリックすることはできません。

ご質問の際の注意点

- ご質問はメール、または郵便など、必ず文書にてお願いいたします。お電話では承っておりません。
- ご質問は本書の記述に関することのみとさせていただいております。従いまして、○○ページの○○行目というように記述箇所をはっきりお書き添えください。記述箇所が明記されていない場合、ご質問を承れないことがございます。
- 小社出版物の著作権は著者に帰属いたします。従いまして、ご質問に関する回答も基本的に著者に確認の上回答いたしております。これに伴い返信は数日ないしそれ以上かかる場合がございます。あらかじめご了承ください。

ご質問送付先

ご質問については下記のいずれかの方法をご利用ください。

> **Web ページより**
>
> 上記のサポートページ内にある「お問い合わせ」をクリックすると、メールフォームが開きます。要綱に従って質問内容を記入の上、送信ボタンを押してください。
>
> **郵送**
>
> 郵送の場合は下記までお願いいたします。
>
> 〒105-0001
> 東京都港区虎ノ門2-2-1
> SBクリエイティブ　読者サポート係

- 本書で紹介する内容は執筆時の最新バージョンであるWordPress 6.6、Google Chrome、Microsoft Edge、Mac OS、Windowsの環境下で動作するように作られています。
- 本書内に記載されている会社名、商品名、製品名などは一般に各社の登録商標または商標です。本書中では®、™マークは明記しておりません。
- 本書の出版にあたっては、正確な記述に努めましたが、本書の内容に基づく運用結果について、著者およびSBクリエイティブ株式会社は一切の責任を負いかねますのでご了承ください。

©2024 CORELILY Inc.　本書の内容は著作権法上の保護を受けています。著作権者・出版権者の文書による許諾を得ずに、本書の一部または全部を無断で複写・複製・転載することは禁じられております。

はじめに

「いい感じのWebサイトを自分で作りたい！」
本書は、そんなあなたのためのWordPress入門書です。

「自分でWebサイトを作る」というと
- 難しいプログラミング言語などの専門知識が必要なんでしょ？
- Webの知識もないし、自分で作るなんて難しそう……
- 自分で作っても、プロっぽいちゃんとしたWebサイトは作れない
そんなふうに思う人が多いのではないでしょうか。

そのように不安に思っている、Webの専門知識がない初心者の方でも
WordPressを使えば、自分でいい感じのWebサイトを作れるようになります。

約7年前、Webの知識なんて全くなかった初心者の私が
知人に相談されたことをきっかけにはじめてWordPressを触り、
想像以上に手軽に、いい感じのWebサイトを形にすることができました。
「WordPressを使えば、こんな簡単にWebサイトが作れるんだ！」
そう感動したことを、今でも鮮明に覚えています。

とはいえ、当時何も知識がない素人の私が、
さまざまなネットの情報をかいつまんで完成させた自己流のWebサイトは、
後から面倒な手直しをする必要がたくさんあったことも事実です。

だからこそ、はじめての方でも最初から失敗せずに作れるように、
WordPressを使ってWebサイトを作るうえで知っておくべき要点や、
初心者でも、効率よく「いい感じのWebサイト」を作るための知識をこの1冊にまとめました。

手順通りに進めれば、WordPressを使ってWebサイトを完成させることができるので、
本書を読み終える頃には「なんか難しそう」という思い込みが「できた！」に変わって
WordPressでWebサイトを作る楽しさにワクワクしているはずです。

さぁこれから一緒にWordPressを楽しく、学んでいきましょう！

本書について

　本書はWordPress初心者の方のために、わかりやすく丁寧な解説を意識した構成になっています。本書はWeb制作初心者の後輩がWeb制作に詳しい先輩にWordPressの使い方を教わりながら、1つのカフェサイトを作成していくというストーリで構成されています。解説手順に沿って進めていくことでカフェサイトが完成し、WordPressの基本的な操作を身に付けることができます。本書を通して、Webサイトを楽しく作成しながら、WordPressの操作や仕組みを理解していきましょう。

Web初心者のユウコ

ユウタ先輩！姉がカフェをオープンするから、お店のWebサイトを作ってほしいと急にお願いされて……
Webの知識がない初心者の私でもWebサイトを作れる方法はありますか？

WordPressを使えば、簡単にWebサイトを作れるよ。
お姉さんのカフェのWebサイトを一緒に完成させよう！

ユウコの先輩
Webデザイナーのユウタ

本書のおすすめの活用方法

① まずは解説を読みながら手順に沿って、実際に手を動かしてサンプルサイトを作ってみましょう。
　最後まで読み進めることで、架空のカフェのWebサイトが完成します！
② 完成させたサンプルサイトを参考に、本書オリジナルテーマを使って、自分のオリジナルのWebサイトを作ってみましょう。WordPressをたくさん触って、操作に慣れていきましょう！
③ 操作でわからないことが出てきたら、本書の解説を読み返し、辞書のように活用しましょう。

　本書で作っていくサンプルサイトは、架空のカフェのWebサイトです。
　完成させたサンプルサイトの内容を差し替えれば、すぐに自分のWebサイトとしても使えるものになるので、まずはWordPressの基本を理解しながら、サンプルサイトを完成させてみましょう。

サンプルサイトの特徴

- パソコン・タブレット・スマートフォンそれぞれのデバイスに合わせてきれいに表示！
- カート機能や予約カレンダー機能も！お店のWebサイトとして使える機能も充実！
- 自分のWebサイトにも使える！シンプルで汎用性の高い本書オリジナルテーマを使用！

本書で作るサンプルサイト

サンプルサイトの完成イメージ　https://corelily.com/hajimetenowp_sample_ver2/

● トップページ

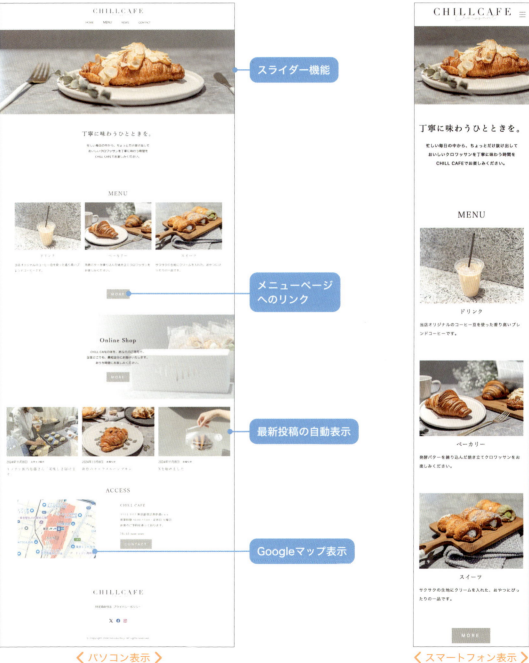

パソコン表示／スマートフォン表示

- スライダー機能
- メニューページへのリンク
- 最新投稿の自動表示
- Googleマップ表示

サンプルデータをダウンロードしよう

本書で使うサンプルデーター式は、本書のサポートページからダウンロードください。

| 本書のサポートページ | https://isbn2.sbcr.jp/26754/ |

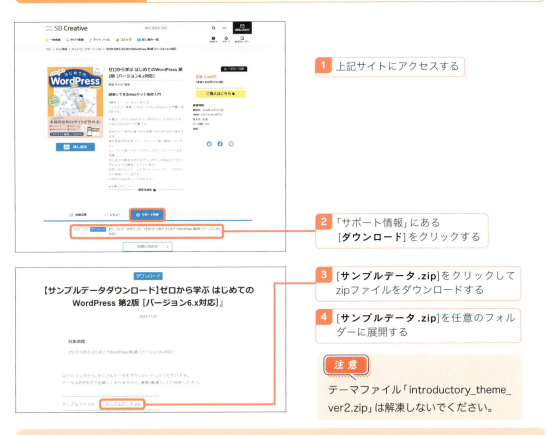

1. 上記サイトにアクセスする
2. 「サポート情報」にある [**ダウンロード**] をクリックする
3. [**サンプルデータ.zip**] をクリックして zipファイルをダウンロードする
4. [**サンプルデータ.zip**] を任意のフォルダーに展開する

> **注意**
> テーマファイル「introductory_theme_ver2.zip」は解凍しないでください。

本書のサンプルファイル構成

フォルダーごとに各Chapterで使用するサンプルデータが入っています。
サンプルデータの画像は本書での学習以外の目的で使用しないでください。

画像データ
（サンプルサイト素材）
- Chapter4
- Chapter5
- Chapter6
- Chapter7
- Chapter9

introductory_theme_ver2.zip
（テーマファイル）

Contents

Chapter 1　Webサイトの基本を知ろう　17

01　Webサイトはどうやって表示されているの？　18
- Webサイトはどうやって作られているの？　18
- Webサイトが表示される仕組みを理解しよう　19
- Webサイトの維持費はどのくらいかかるの？　20

02　レスポンシブ対応とは　21
- レスポンシブ対応の仕組みを知ろう　21
- レスポンシブ対応を体験してみよう　23

03　Webサイトの種類と目的　24
- Webサイトの種類　24
- サンプルサイトの種類と目的　27

Chapter 2　WordPressとは　29

01　WordPressってなに？　30
- WordPressとは　30
- WordPressを利用したWebサイトの作成方法の違い　31

02　WordPressでできること　32
- WordPressではどんなことができるの？　32

03　WordPressを習得するメリット　35
- WordPressを習得するとどんなメリットがあるの？　35

04　WordPress.orgと.comの違い　38
- WordPress.orgと.comとは　38

Chapter 3 WordPress をはじめる準備をしよう 39

- **01** Web サイト制作の全体の流れを理解しよう ... 40
  - Web サイトを作る全体の流れ ... 40
- **02** STEP 0：【サイトを作る前に】Web サイトの目的と設計を考えよう ... 42
  - Web サイトの設計図を作ろう ... 42
- **03** STEP 1：【開設準備】サーバーの契約とドメインの取得をしよう ... 45
  - Web サイトを開設するために必要なもの ... 45
  - サーバーとは ... 46
  - レンタルサーバーの種類を確認しよう ... 46
  - どんなレンタルサーバー会社があるの？ ... 46
  - ドメインとは ... 47
  - 独自ドメインはどうやって取得できるの？ ... 48
  - Web サイトを開設する事前準備の流れを確認しよう ... 48
- **04** ① サーバーを契約しよう ... 49
  - サーバーの契約はどうやってするの？ ... 49
  - 初心者におすすめのレンタルサーバーは「ロリポップ！」 ... 49
  - レンタルサーバーの契約をしよう ... 50
- **05** ② 独自ドメインを取得しよう ... 55
  - 独自ドメインとは ... 55
  - ドメインの取得はレンタルサーバー会社に合わせよう ... 55
  - 取得したい独自ドメインを考えよう ... 55
  - 独自ドメインを取得しよう ... 56
- **06** ③ サーバーとドメインを紐づけよう ... 63
  - サーバーとドメインを紐づけよう ... 63

Chapter 4 WordPress をインストールして Web サイトを開設しよう 67

- **01** STEP 2：【開設】WordPress をインストールしよう ... 68
  - WordPress を利用した Web サイトの開設方法 ... 68
  - WordPress をインストールしよう ... 68

9

02 WordPress にログインしよう 72

    管理画面を表示しよう 72

03 ダッシュボード（管理画面）の基本操作 74

    ダッシュボード（管理画面）を確認しよう 74

    ツールバーを確認しよう 75

04 SSL 化でセキュリティを強化しよう 77

    http と https の違いを理解しよう 77

    SSL 化の設定手順を確認しよう 78

    ① サーバー側で SSL の設定をしよう 78

    ② WordPress で SSL 化をしよう 80

05 パスワードを強化しよう 87

    不正アクセスを防ごう 87

    パスワードを複雑な文字列に変更しよう 87

06 WordPress の初期設定を行おう 89

    「一般設定」でサイト全体の設定をしよう 89

    パーマリンク設定をしよう 92

    コメント機能をオフにしよう 94

Chapter
5 **Web サイト制作をはじめよう** *97*

---

01 STEP 3：【デザイン】WordPress のテーマとは ... 98

    テーマとは 98

    テーマは無料で使えるの？ 99

    テーマはどうやって選んだらいいの？ 99

    テーマを使うメリット・デメリット 100

    同じテーマでも Web サイトの印象は変えられる 101

02 テーマを設定しよう 102

    テーマを設定する方法 102

    テーマを設定しよう 103

03 テーマエディターの操作画面を確認しよう 109

    フルサイトエディターとは 109

    カスタマイズ画面を開こう 110

04 作成するトップページを確認しよう　111
- トップページとは　111
- トップページを作る流れを確認しよう　111

05 ロゴを設定しよう　113
- ロゴの役割とは　113
- ロゴを設定しよう　113

06 スライダーの画像を設定しよう　120
- メインビジュアルの役割とは　120
- スライダーの画像を設定しよう　121

07 コンテンツ部分を作ろう　125
- トップページの構成を確認しよう　125
- ブロックエディター機能の操作方法を確認しよう　126

08 背景色を設定しよう　127
- コンセプト部分をカバーブロックで作成しよう　127
- カバーブロックの設定をしよう　127

09 横並びコンテンツを作ろう　134
- カラムブロックで横並びコンテンツを作成しよう　134
- MENU 部分を作成しよう　134

10 背景に画像を設定しよう　149
- カバーブロックで背景画像を設定しよう　149
- Online Shop 部分を作成しよう　149

11 Google マップを挿入しよう　157
- Google マップを表示させよう　157
- ACCESS 部分を作成しよう　157

12 テンプレートパーツを活用しよう　164
- テンプレートパーツとは　164
- テンプレートパーツとパターンの違い　165
- テンプレートパーツを活用してフッターを設定しよう　166

Chapter 6 お知らせページを作ろう〜投稿の作り方〜　171

01　STEP 4：【コンテンツ作成】投稿と固定ページ　172
- 「投稿」と「固定ページ」とは　172
- 投稿と固定ページはどうやって使い分けるの？　173

02　投稿を新規作成しよう　175
- 投稿の表示の仕組みを知ろう　175
- 投稿の編集画面を開こう　175
- ブロックエディターの編集画面を理解しよう　177

03　投稿のタイトルと本文を入力しよう　178
- タイトルと本文とは　178
- タイトルと本文を入力しよう　178

04　文字にリンクを設定しよう　181
- リンクとは　181
- リンクを設定しよう　181

05　文字を装飾しよう　184
- 文字にメリハリをつけてユーザーの読みやすさを意識しよう　184
- 文字の装飾設定をしよう　184

06　アイキャッチ画像を設定しよう　189
- アイキャッチ画像とは　189
- 作成した投稿にアイキャッチ画像を設定しよう　189

07　作成した投稿を公開しよう　192
- 投稿を公開してWebサイトの表示を確認しよう　192
- 投稿のURLを確認しよう　194
- 投稿を下書きの状態に戻す方法　195
- 公開設定の内容を確認しよう　197

08　投稿をカテゴライズしよう　198
- カテゴリーとは　198
- カテゴリーを設定しよう　199
- カテゴリーの詳細設定をしよう　201
- 新規カテゴリーを追加しよう　204
- 不要な投稿を削除しよう　205

Chapter 7 メニューページと投稿一覧ページを作ろう 〜固定ページの作り方〜 209

01 カフェメニューページを作成しよう　210
- カフェメニューの情報をわかりやすく伝えよう　210
- ドリンクメニューを作成しよう　211
- ギャラリーを作成しよう　214
- ページの URL を確認しよう　218

02 2 カラムの投稿一覧ページを作成しよう　219
- カラムとは　219
- 投稿一覧ページを作成しよう　220

Chapter 8 プラグインで便利な機能を追加しよう　229

01 プラグインってなに？　230
- プラグインの基本と使用時の注意点　230
- プラグインでお問い合わせフォームと予約カレンダーを設置しよう　231
- プラグインを追加しよう　232
- プラグインの削除方法を確認しよう　236

02 お問い合わせフォームを作ろう　237
- お問い合わせフォームの役割　237
- お問い合わせフォームを設置した Web ページを作ろう　237
- お問い合わせフォームの詳細設定を確認しよう　240

03 予約カレンダーを設置しよう　242
- 予約カレンダーの役割とは　242
- 予約カレンダーを設置しよう　243
- 予約カレンダーの動作を確認しよう　253

13

Chapter 9 カート機能を実装してネットショップページを作ろう　257

01 ネットショップを開設しよう　258
- Shopify とは　258
- Shopify の導入方法　258
- Shopify の利用料　259
- WordPress にカート機能を実装する手順　260

02 STEP 1. Shopify に登録しよう　261
- Shopify のアカウントを作成しよう　261
- スタータープランに登録しよう　263

03 STEP 2. 購入ボタンを作成しよう　266
- 購入ボタンの作成の流れ　266
- 購入ボタンを作成しよう　266

04 STEP 3. 購入ボタンを実装しよう　275
- 固定ページを作成し、購入ボタンを実装しよう　275
- テストモードで決済の流れを確認しよう　280

05 ネットショップに必要な掲載情報　289
- ネットショップの運営に必要な掲載情報とは　289
- どのようにページを用意するの？　290
- 「特定商取引法に基づく表記」の内容　290
- 「プライバシーポリシー」の内容　291

Chapter 10 ナビゲーションの設定をしよう　293

01 ナビゲーションとは　294
- ナビゲーションとは　294
- グローバルナビゲーションの役割　295
- フッターナビゲーション　295
- 階層メニュー　295
- ハンバーガーメニュー　296

02 グローバルナビゲーションの設定をしよう　297

:: 作成するグローバルナビゲーションを確認しよう ………………………… 297
　　:: ナビゲーションメニューを設定しよう ……………………………………… 298

03　フッターの設定をしよう　307

　　:: 作成するフッターナビゲーションを確認しよう …………………………… 307
　　:: フッターナビゲーションの設定をしよう …………………………………… 307

Chapter 11　Web サイトの集客を図ろう　315

01　見てもらえる Web サイトとは　316

　　:: 人に見てもらうための工夫をしよう ………………………………………… 316
　　:: ユーザーが Web サイトにアクセスできる導線を作ろう ………………… 316
　　:: ユーザーがまた見に来たくなる情報を更新しよう ……………………… 318

02　SEO 対策をしよう　320

　　:: SEO とは ……………………………………………………………………… 320
　　:: Web サイトのインデックスの設定方法を確認しよう …………………… 321
　　:: SEO 対策は何を設定すればいいの？ ……………………………………… 322
　　:: タイトルとディスクリプションはどうやって設定するの？ …………… 323
　　:: SEO 設定をしよう …………………………………………………………… 323

03　SNS を活用しよう　329

　　:: Web サイトと SNS を連携しよう ………………………………………… 329
　　:: 投稿に X を埋め込もう ……………………………………………………… 329
　　:: 新しい投稿を公開したら SNS でシェアしよう ………………………… 332

04　Web サイトのアクセス状況を確認しよう　333

　　:: アクセス解析ツールを導入しよう ………………………………………… 333
　　:: アクセス解析は何をチェックすればいいの？ …………………………… 333
　　:: アクセス解析プラグイン「WP Statistics」を設定しよう …………… 334
　　:: アクセス解析のチェックすべきポイントを確認しよう ………………… 335

Chapter 12　Web サイトの安全な運営方法を知ろう　337

01　定期的にバックアップを取ろう　338

　　:: バックアップはどうして必要なの？ ……………………………………… 338

15

- バックアップを取得しよう 339
- データを復元しよう 341

02 最新バージョンにアップデートしよう 343

- WordPress を最新の状態に保とう 343
- 更新情報はどうやって確認するの？ 343
- 最新版に更新しよう 344

索引 *348*

Webサイトの基本を知ろう

これからWebサイトを作っていくにあたり、まずは、あなたが日常の中で閲覧しているWebサイトが一体どのように作られているのか、また、どのような種類があるのかといったWebサイトの基本について学びましょう。

Let's Learn the Basics of Websites

Chapter 1 » 01 Webサイトはどうやって表示されているの？

今まで当たり前のようにWebサイトを見ていたけど、そもそもWebサイトってどうやって作られていて、どういう仕組みで表示されているんですか？

Webサイトが表示される仕組みを理解しておくことは、Webサイトを制作するうえでとても大切だよ。まずはWebサイトの基本を理解しよう！

Webサイトはどうやって作られているの？

Webサイトは、複数のWebページのまとまりです。1つひとつのWebページは、HTMLやCSSといったWebページを作るための言語を使用したファイルで作成され、複数のWebページを1つのフォルダにまとめたものがWebサイトのデータになります。

● Web サイトはどうやって作られているの？

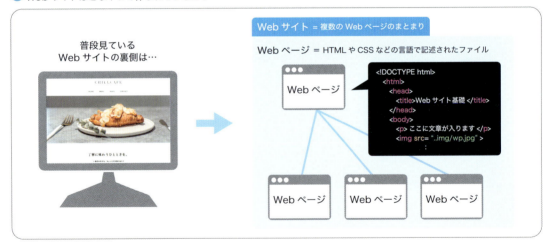

---

memo

HTML（Hyper Text Markup Language）は、Webページを構成する要素がそれぞれどのような役割（見出し、段落など）を持つかをコンピューターに指示するマークアップ言語です。

CSS（Cascading Style Sheets）は、Webページの見た目（文字の色やサイズなど）を指定するスタイルシート言語です。

Webサイトが表示される仕組みを理解しよう

　インターネット上には、Webサーバーという「インターネット上に情報を公開するためのコンピュータ」があります。そのWebサーバーに、Webサイトの情報を保存することで、インターネット上にWebサイトを公開できるようになっています。また、公開したWebサイトにアクセスするために、1つひとつのWebページには「http://」からはじまる半角英数の文字列で構成された「URL」と呼ばれるアドレスが割り当てられます。わかりやすく例えると、下図のように、インターネット上にWebサイトの情報が保存されているWebサーバー（土地）があり、そこにそれぞれのURL（住所）が指定されたWebサイト（家）が建っているイメージです。

　私たちは、パソコンやスマートフォンからWebブラウザを利用して、Webサーバーに「このURLのWebページが見たいよ！」とリクエストを送り、Webサーバーから指定したWebページの情報を受け取ることで、見たいWebページを閲覧しています。

● Webサイトが表示される仕組みとそれぞれの役割

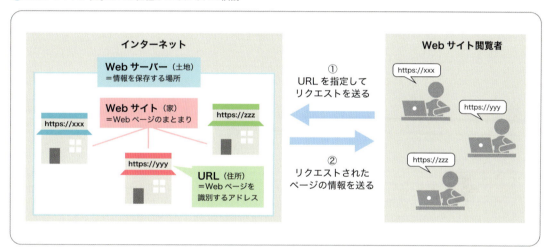

　このような仕組みであるため、私たちが作成したWebサイトをインターネット上に公開するには、次のような手順を行います。

（1）自分のWebサイトの情報を保存するためのWebサーバーを用意する
（2）URLの一部となるドメインを取得し、用意したWebサーバーに紐づけする
（3）自分のWebサイトの情報を、用意したWebサーバーにアップする

　上記の公開設定をすることで、Webサイトがインターネット上に公開され、WebサイトのURLを指定すれば、誰でもあなたのWebサイトを閲覧できるようになります。

> **point** Webサイトを「作る側」の視点を持とう
>
> 普段何気なく閲覧しているWebサイトをこれから自分で作るにあたって、WebサーバーやURLなどそれぞれの役割を理解し、制作者としての視点を持つことが大切です。今まで当たり前のように閲覧していたWebサイトがどのように表示されているのか、その裏側に興味を持って理解を深めていきましょう。

Webサイトの維持費はどのくらいかかるの？

　Webサイトをインターネット上に公開し続けるためには、Webサイトを公開するためのWebサーバーとドメインを維持する必要があります。そのためWebサイトの維持費として、Webサーバーのレンタル費用と、ドメインの利用料の2つがかかります。（Chapter3で詳しく解説します）

　具体的には、Webサーバーのレンタル費用は、契約プランによって異なりますが、年間5,000円〜15,000円程度が相場です。また、ドメインの利用料は、年間1,000円〜2,000円程度が相場です。ドメインの種類によって料金が異なりますが、安いものであれば100円程度のものもあり、自由に選ぶことができます。よって、自分のWebサイトを公開し続けるためには、Webサーバーとドメイン合わせて年間10,000円〜20,000円程度が維持費としてかかることを理解しておきましょう。

> 月額換算すると月800円〜1,500円だから、毎月ランチ1回分くらいの金額でWebサイトを持つことができるんですね！ 具体的な金額がイメージできると安心ですね！

> 「Webサイトを持つためには毎月お金がかかるらしい」といった漠然とした情報だけでは不安になるけど、具体的な相場を把握することで「そのくらいなら作ってみようかな！」という安心感に繋がるよね。

02 レスポンシブ対応とは

同じWebサイトでも、パソコンとスマートフォンでそれぞれ見た目が違うことがありますよね。別々のWebページを用意するんですか？

各デバイスの画面サイズに合わせてWebページを1つひとつ個別に用意しなくても、Webサイトが表示される画面のサイズに合わせて、1つのページで見やすいデザインに切り替えることができる「レスポンシブ対応」という方法があるよ！

レスポンシブ対応の仕組みを知ろう

Webサイトは、パソコン、タブレット、スマートフォンなど、画面の大きさや縦横比が異なるさまざまなデバイスで閲覧されます。そのため、Webサイトはあるゆるデバイスから表示されることを想定して作る必要があります。

● Web サイトはさまざまな画面サイズで表示される

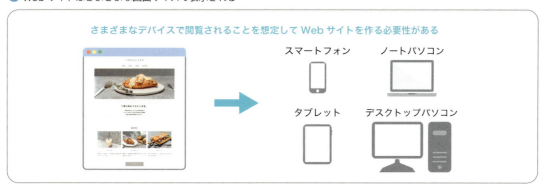

スマートフォンが普及する前の時代には、Webサイトはパソコンから閲覧されることを想定した作りが基本になっていましたが、スマートフォンが普及し、最近はスマートフォンから閲覧されることが増えました。パソコンの横長画面に合ったデザインのままでは、縦長画面のタブレットやスマートフォンで閲覧したときに、文字や画像が小さく表示されてWebサイトが見づらくなり、ユーザーの離脱に繋がる可能性も高まります。しかし、パソコン用、タブレット用、スマートフォン用と、それぞれの画面幅に合わせたWebページを1つずつ作るのは、作り手としては非常に手間がかかります。

● Webサイトがさまざまな画面サイズで表示される場合の懸念点

　この問題を解決してくれるのが、1つのページをベースにして、それぞれの画面の大きさに合わせて表示を自動で切り替えてくれる「レスポンシブ対応」です。レスポンシブ対応は、Webサイトの表示を切り替えるポイントを設定し、それぞれの画面幅に応じて反映する装飾を切り替えます。そのため、レスポンシブ対応のWebサイトを画面の大きさの異なるデバイスで見たとき、下図のように違うデザインが表示されます。

● レスポンシブ対応の仕組み

22

パソコン向けのデザインで横並びになっている要素を、縦長のスマートフォン画面では縦並びにすることで見やすくなります。また、画像や文字の大きさも、それぞれの画面の大きさに合わせて調整し、閲覧する人が見やすいデザインにすることが大切です。

● レスポンシブ対応の表示画面

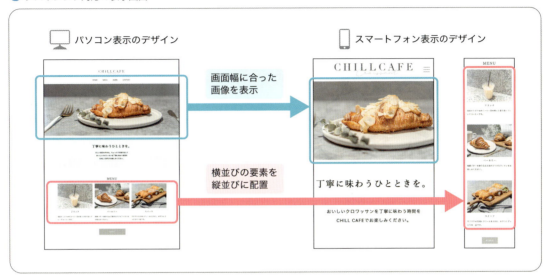

レスポンシブ対応を体験してみよう

　今回作成するサンプルサイトはレスポンシブ対応仕様です。パソコンとスマートフォンそれぞれで以下のWebサイトを表示して、表示の違いを確かめてみましょう。同じURLにアクセスしても、表示デバイスによってWebページのデザインが異なることが確認できます。

● 本書のサンプルサイト

URL　https://corelily.com/hajimetenowp_sample_ver2/　

> **point　ユーザー視点に立って見やすいWebサイトを作ろう**
>
> Webサイトは、閲覧する人が見やすいデザインにすることが大切です。Webページの表示を自動的に切り替えてくれるレスポンシブ対応の仕組みを理解しましょう！

03 Webサイトの種類と目的

姉から「とりあえずお店のWebサイトを作って！」とお願いされていて、どんなWebサイトを作ったらいいのか困っています。

Webサイトを作るときは、まず「何のために作るのか？」という目的を決めることが大切だよ。一般的にどんなWebサイトの種類があるのかを参考にして、Webサイトの目的を考えてみよう！

　Webサイトには、会社の認知度向上、商品の販売やお申し込みの獲得など、それぞれのWebサイトを通じて実現したい目的があります。目的によって、Webサイトのページ構成やコンテンツが変わるので、必ず「何のためにWebサイトを作るのか？」という目的を決めることが大切です。

Webサイトの種類

　それでは、Webサイトにはどのような種類があるのでしょうか。一般的なWebサイトの種類とそれぞれの目的について確認してみましょう。

● Webサイトはどうやって作られているの？

サイト	目的
① コーポレートサイト	会社案内や事業内容などをまとめた、会社パンフレットのような役割を果たすサイト
② サービスサイト	顧客に向けて、サービスや商品の魅力を深く伝えることを目的としたサイト
③ プロモーションサイト	特定の商品やサービスのプロモーションを目的としたサイト
④ ECサイト	ネットでの商品やサービスの販売を目的としたサイト
⑤ ポートフォリオサイト	主にクリエイターが自分の作品を掲載し、仕事に繋げるための個人サイト
⑥ ポータルサイト	さまざまな情報を集約し、ユーザーが必要な情報を簡単に検索することができるサイト

> **memo**
> 1つの商品やサービスの販売を目的とした1ページ完結型のページを「ランディングページ」といいます。ランディングページ（Landing Page）の頭文字を取って、LP（エルピー）ともいわれます。よく使われるWebページの一種なので覚えておきましょう。

① コーポレートサイト

Copyright © SoftBank Group Corp. All rights reserved.

「ソフトバンクグループ株式会社」
URL https://group.softbank

主なページ構成：
経営理念、会社概要、事業内容など

② サービスサイト

「デジハリONLINE」
URL https://online.dhw.co.jp/
主なページ構成：
サービス情報、サービスのラインナップ、
サービス利用者の感想など

③ プロモーションサイト

Copyright © 牛乳石鹸共進社株式会社 All rights reserved.

「牛乳石鹸共進社株式会社」
URL https://cow-aka.jp/

主なページ構成：
企画内容、商品情報、販売サイトへのリンク
など

④ EC サイト

「PMbox ピーアンドエム公式オンラインストア」
URL https://onlinestore.pandm.co.jp/

主なページ構成：
商品一覧、商品情報、価格、カート機能など

⑤ ポートフォリオサイト

「デザイナー木下舞子」
URL https://maiine-works.com

主なページ構成：
制作実績、プロフィール、経歴、お問い合わせなど

⑥ ポータルサイト

「不動産情報サイト アットホーム」
URL https://www.athome.co.jp/

主なページ構成：
検索、カテゴリー、コラム記事など

> **point** **Webサイトの種類や目的を理解しよう**
> Webサイト制作において、Webサイトの目的を明確にすることが大切です。Webサイトの種類やそれぞれのWebサイトの目的や構成を参考にしましょう。

サンプルサイトの種類と目的

　本書で作成するサンプルサイトは架空の「ベーカリーカフェ」のWebサイトです。お店や商品の情報をわかりやすく伝えることを目的とするサービスサイトと、ネットから商品を購入してもらうことを目的とするECサイトの複合的な役割を果たすWebサイトです。主なページ構成は、商品やお店の情報を伝えるお知らせページ、商品のラインナップを伝えるメニューページ、商品をネットで購入できるネットショップページです。サンプルサイトの目的とページ構成を理解して、Webサイトを作成していきましょう。

● サンプルサイトの主なページ

お知らせページ	メニューページ	ネットショップページ

今までなんとなくWebサイトを見ていましたが、それぞれのWebサイトにはちゃんと目的があるんですね！これから意識して見てみようと思います。

サンプルサイトのようにWebサイトの種類や目的が複合的になる場合もあるよ。目的を明確にすることで、サイト構成なども決まってくるので、Webサイトを作るときは必ず目的を決めよう！

おすすめのWebデザイン・Webサイトギャラリー

いいWebサイトを作るためには、いいWebサイトをたくさん見て参考にすることがおすすめだよ。参考になるWebサイトがまとまっている、おすすめのWebサイトギャラリーを紹介します！
Webサイトの種類やレスポンシブデザインを意識してチェックしてみよう。

- SANKOU!　URL https://sankoudesign.com

Webデザイン制作の参考になる、国内のすてきなWebサイトが掲載されています。Webサイトの種類や業種などのカテゴリー別にチェックできます。

- MUUUUU.ORG　URL https://muuuuu.org

クオリティが高く、厳選されたWebサイトが掲載されています。約5,434サイト（2024年10月時点）をカテゴリー別に検索することができます。

- 81-web.com　URL https://81-web.com

Webサイト制作に役立つ、日本の優れたWebデザイン・Webサイトギャラリーです。フォントの種類から検索できるユニークなカテゴリー分けがあります。

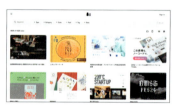

- I/O 3000　URL https://io3000.com

Webデザインに関わる人のためのWebデザインギャラリーです。国内外を問わず、Web制作の参考となるWebサイトがセレクトされています。

- bookma!　URL https://bookma.org

感性を刺激するWebデザインギャラリーです。パソコンとスマートフォンの表示が並んでいてレスポンシブデザインが比較しやすいサイトです。

WordPressとは

WordPressでWebサイトを作る前に、WordPressとはそもそもどのようなものなのか、どんなことができるものなのかといったWordPressの仕組みや特徴を理解しましょう。

Chapter 2
01 WordPress ってなに？

専門知識がない私は、どうやってWebサイトを作ったらいいんでしょうか？ HTMLやCSSでWebサイトを作る知識を一から勉強するしかないですか！？

HTMLやCSSなどの専門知識がなくても、Webサイトを簡単に作ることができる「WordPress」がおすすめだよ！

WordPressとは

　WordPressとは、Webの専門知識がなくても簡単にWebサイト作成やWebページの編集ができる無料のソフトウェアのことです。このようなソフトウェアをCMS（コンテンツ・マネジメント・システム）といいます。

　全世界のWebサイトの約4割はWordPressで作られており、CMSの中でのシェア率は約6割と圧倒的な人気を誇る、世界で1番利用されているソフトウェアです。また、日本国内でのCMSシェアはなんと約8割にもなります。

● WordPressは、世界で圧倒的なシェア率を誇るCMS

参照：W3Techs（https://w3techs.com）

WordPressってすごく人気なんですね！ さっき先輩が説明してくれた自分で言語を記述して作るWebサイトとは何が違うんですか？

それぞれの違いは「Webサイトの裏側」にあるんだ！ それぞれの裏側を見比べてみよう。

WordPressを利用したWebサイトの作成方法の違い

　Webサイトを一から自分で作る場合には、Chapter1で解説した通り、HTMLやCSSといったWebページを作るための言語を自分で記述してファイルを作ります。それに対して、WordPressはHTMLやCSSなどの言語を自分で記述しなくても、管理画面から操作することでCMSがWebページを生成してくれます。

● 2つのWebサイトの作成方法の違い

　言語を記述して作るWebサイトは、HTMLやCSSなどの知識がないとWebページの編集ができないので、そういった専門知識がなければ自分では編集できず、専門知識のある人や制作会社などに編集作業を依頼する必要があります。Webサイトの作成はもちろん、Webサイト完成後に情報を更新したいときにも誰かに依頼する必要があるので、その都度時間や費用の負担が発生します。

　それに対して、WordPressは、専門知識がない人でも管理画面から簡単に編集作業ができるので、編集作業を依頼するコストを削減することができます。そのようなメリットから、WordPressを利用する企業や個人がどんどん増えています。

HTMLやCSSは何が書いてあるか全くわからないけど、WordPressの管理画面は日本語表記ですごく使いやすそうですね！

管理画面から簡単にページを作成できたり、WordPressに関する設定を行うことができたり、「使いやすさ」がWordPressの人気の理由だよ！

Chapter 2

What is WordPress?

02 WordPressでできること

専門知識がなくても簡単にWebサイトが作れるということはわかったのですが……
具体的にWordPressではどんなことができるんですか？

ブロックを組み合わせてWebページを編集したり、便利な機能を追加したり、さまざまなことができるよ！ここではWordPressでできることを5つ紹介するよ。

WordPressではどんなことができるの？

WordPressは、管理画面からWebページの作成や編集ができ、お問い合わせフォームなどの便利な機能を簡単に追加することもできます。さらに、Webサイトの作成だけでなく、運営していくうえでも役に立つ機能がたくさんあります。具体的に5つの内容を紹介します。

> **point** WordPressでできること
> ❶ ブロックを組み合わせてWebページの編集ができる
> ❷ テーマを利用してWebサイトのデザインを簡単に変更できる
> ❸ さまざまな便利な機能を追加できる
> ❹ 複数の管理者でWebサイトを管理できる
> ❺ さまざまな種類のWebサイトが作成できる

❶ ブロックを組み合わせてWebページの編集ができる

WordPress基本機能のブロックエディターを使えば、画像を並べたり、ボタンを作成したり、簡単にWebページのレイアウトやデザインを編集できます。次のページの図のように、並んでいるブロック項目から、設置したいものを選んで細かい設定を行います。

● ブロックエディター

❷ テーマを利用してWebサイトのデザインを簡単に変更できる

　WordPressには「テーマ」というデザインやレイアウトを決めるテンプレートのようなものがたくさん用意されています。1から自分でデザインやレイアウトを考えなくても、テーマを使えば画像やテキストを当て込むだけでWebサイトが完成します。そして、いつでもテーマを変更することができ、Webサイト全体のデザインを変えたいときは、テーマを変更するだけで簡単に新しいデザインに変えることができます。

● テーマの一例

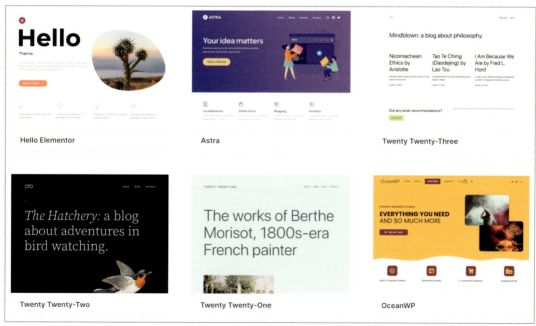

❸ さまざまな便利な機能を追加できる

WordPressでは「プラグイン」を使って、お問い合わせフォームの作成機能やバックアップ機能など、さまざまな機能を追加することが可能です。自分のスマートフォンにアプリを追加するようなイメージでプラグインをインストールすることで、簡単にWordPressの機能をカスタマイズできます。プラグインについては、Chapter8で詳しく解説します。

● 便利な機能を追加できるプラグイン

❹ 複数の管理者でWebサイトを管理できる

1つのWordPressに対して、管理者や編集者を複数アカウント設定することができます。さらに、それぞれのアカウントに対して、権限に応じた管理ができるように設定できるので、任せたい操作のみの権限を与える形で複数人でWebサイトを管理することができます。お店のWebサイトなど、一部の更新をスタッフに任せたい場合などに便利な機能です。

❺ さまざまな種類のWebサイトが作成できる

WordPressは一般的なWebサイトやブログはもちろん、会員制サイトやECサイト、予約カレンダーといった機能付きのWebサイトを作ることもできます。自分で一から構築するには難しいような機能も、プラグインなどを利用することで簡単に設置することができます。Chapter8とChapter9では、予約カレンダーの導入方法や、カート機能を追加してネットショップページを作成する方法を解説します。

カート機能や予約カレンダーまで設定できるんですか！？　今回作るカフェのサイトもそんな機能を付けられたらいいなと思っていたから嬉しいです！

簡単に操作できるのはもちろん、プラグインを使えばさまざまな機能を追加できるから、さまざまな種類のWebサイトを作ることができるよ！

What is WordPress?

Chapter 2 - 03 WordPressを習得するメリット

WordPressでWebサイトが作れるようになったら楽しいだろうな〜。WordPressを習得すると、どんなことができるようになりますか？

WordPressを習得することで、自分のWebサイトが手軽に作れることはもちろん、WordPressの知識を活かせば、仕事の可能性も広がるよ！

WordPressを習得するとどんなメリットがあるの？

WordPressの知識を身に付けることで、Webサイトの制作や管理のコストを削減できたり、Web関連の仕事ができたり、さまざまな可能性が広がります。具体的にどのようなメリットがあるか紹介します。

> **point　WordPressを習得するメリット**
> ❶ 手軽に自分のWebサイトやブログが作れる
> ❷ 管理コストをかけずに、Webサイトで自分の商品やサービスを提供できる
> ❸ WordPressを使ったWebサイト制作など、Web関連の仕事にチャレンジできる

❶ 手軽に自分のWebサイトやブログが作れる

「Webサイトを作りたいな！」と考えたときに、WordPressを使えば、自分で手軽にWebサイトを作成できます。Webサイトを制作会社に作ってもらう場合には、数十万円〜数百万円のコストがかかるケースが多く、なかなか気軽に頼めるものではありません。自分でWebサイトを作れるようになれば、サーバーとドメインの管理費のみで、複数のWebサイトを作ることができます。仕事関連のWebサイトはもちろん、趣味のブログサイトなども手軽にはじめられる楽しさがあります。

❷ 管理コストをかけずに、Webサイトで自分の商品やサービスを提供できる

WordPressのプラグインを使えば、決済システムとの連携や会員サイト機能などを簡単に追加することができます。オンラインシステムを導入したくても、管理コストの面から手を出せずにいる人も、WordPressを活用することで最小限の管理コストで簡単にネットショップなどを導入すること

ができます。インターネット上で自分の商品やサービスを提供できるようになることで、新たなお客さまに出会える可能性も広がります。

❸ WordPressを使ったWebサイト制作など、Web関連の仕事にチャレンジできる

　WordPressは個人事業主から大企業まで幅広い層に使われており、需要が高いため、WordPressの知識を習得すればその知識を活かした仕事に繋げることができます。例えば、個人のスキルを売ることができるプラットフォームなどを活用して、小さな仕事にチャレンジしてみることもおすすめです。また、WordPressを利用したWebサイト制作だけでなく、WordPressの更新・管理のスキルが、企業のWeb担当などの仕事にも役立つ可能性もあります。WordPressを扱うスキルを身に付けて、仕事の新たな可能性を広げましょう。

● ブロックエディター

WordPressで自分のWebサイトを作るだけでなく、Webサイトを作ることがお仕事になるなんて……なんだか夢が広がりますね！

実は、僕も知り合いにWebサイトを作ってほしいと頼まれてWordPressを勉強したことがきっかけで、Webデザイナーの仕事をはじめたんだよ。WordPressは、初心者がチャレンジしやすく、知識を深めればできることも増えるから、副業にもおすすめだよ！

WordPressを利用しているWebサイトの紹介

WordPressは日本国内でも人気が高く、たくさん利用されているとのことですが、実際、WordPressでどんなWebサイトが作られているんですか？

僕たちが知っている大手企業のWebサイトでもWordPressが導入されているんだ！ 実際に、どんな企業で使われているのか見てみよう。

WordPressは、個人・法人問わず幅広く利用されています。一般的なコーポレートサイトはもちろん、更新が頻繁に必要なメディアサイトなどで利用されているケースも多いです。実際にWordPressを利用して作られている企業のWebサイトの事例をご紹介します。

株式会社LIFULL

URL https://lifull.com/

株式会社ジンズホールディングス

URL https://jinsholdings.com/

デジタルハリウッド株式会社

URL https://www.dhw.co.jp/

04 WordPress.orgと.comの違い

WordPressには、WordPress.orgとWordPress.comという2つがあるんですか？どのような違いがあるのか知りたいです！

よく気付いたね！ WordPressには、WordPress.orgとWordPress.comの2種類があって混同しやすいので、それぞれの特徴を理解して利用しよう！

WordPress.orgと.comとは

　WordPressには、WordPress.orgの「ソフトウェア」と、WordPress.comの「ブログサービス」の2種類が存在します。一般的に「WordPress」というと、WordPress.orgのことを指します。しかしながら、インターネットで「WordPress」というキーワードを検索すると、両方が検索結果に表示され、初心者は混同しやすいので注意しましょう。

　ソフトウェアであるWordPress.orgは、自分でサーバーとドメインを用意する必要がありますが、自分の所有物となるため、作成も運営も自由度が高いことが特徴です。広告表示や利用制限などもないので、事業用のWebサイトや収益化を目的としたWebサイトを作りたい人におすすめです。

　それに対して、ブログサービスであるWordPress.comは、サーバーやドメインを自分で用意する必要がなく、アカウント登録すれば無料でも利用できることが特徴です。WordPress.orgとWordPress.comの管理画面は多少異なる部分もありますが、基本的には同じような操作方法になるため、まずはWordPressを無料で試してみたい人は、WordPress.comを利用してみるのもいいでしょう。なお、本書ではWordPress.orgを利用したWebサイトの作り方を解説します。それぞれの特徴について、表で比較して確認してみましょう。

● WordPress.org と WordPress.com の違い

	WordPress.org	WordPress.com
種類	ソフトウェア	ブログサービス
利用方法	インストールして使う	サービスに登録する
サーバー/ドメイン	自分で用意する	一緒にレンタルできる
運用コスト	サーバー/ドメインの維持費用がかかる	無料プランあり
自由度	◎	△（機能などに制限あり）
広告	なし	一部あり

WordPressをはじめる準備をしよう

Webサイトを開設するために、サーバーとドメインの2つを準備する必要があります。サーバーとドメインとはどのようなものなのか、どんな種類があるのかを理解し、実際に準備を進めていきましょう。

Chapter 3 - 01 Webサイト制作の全体の流れを理解しよう

いよいよWordPressでWebサイトを作っていくんですね！ 私にもできるか不安ですが、何よりワクワクします！

まずはWebサイト制作の全体の流れを理解しよう！ 制作の流れを把握することで1つひとつの作業の意味が理解できるはずです。

Webサイトを作る全体の流れ

WordPressでWebサイトを作る場合は、一般的に以下の工程になります。1つずつ内容を確認していきましょう。

本書では、STEP0とSTEP1はChapter3、STEP2はChapter4、STEP3はChapter5、STEP4はChapter6以降に解説します。

STEP 0	STEP 1	STEP 2	STEP 3	STEP 4
【サイトを作る前に】Webサイトの目的と設計を考える	【開設準備】サーバーの契約とドメインの取得をする	【開設】WordPressをインストールする	【デザイン】テーマを決めてデザインカスタマイズする	【コンテンツ作成】ページ作成や機能の追加をする

STEP 0：【サイトを作る前に】Webサイトの目的と設計を考える

Webサイトを制作する前に、まずは「何のために作るWebサイトなのか？」という目的を明確にしたうえで、必要な情報やページを洗い出して全体の構成を決めます。Webサイトの目的に合わせて、どのようなページが必要か、各ページにどんな情報を配置するのかを整理してまとめておきましょう。最初にWebサイトの設計図をしっかり作ることで、目的に沿って制作を進めることができます。

STEP 1：【開設準備】サーバーの契約とドメインの取得をする

インターネット上にWebサイトを公開するために必要なサーバーとドメイン（URLの一部）を用意して、2つを紐づけします。わかりやすく例えると、サーバーはインターネット上の土地のようなもので、ドメインはインターネット上で自分のWebサイトの場所を示

● サーバーとドメインのイメージ

す住所のようなものです。この2つは、レンタルサーバーやドメイン取得サービスを利用して、簡単に契約することができます。

STEP 2：【開設】WordPressをインストールする

サーバーとドメインを準備したら、いよいよWordPressをインストールし、Webサイトを開設します。用意した住所付きの土地の上に、自分の家（Webサイト）を建てるイメージです。

契約したレンタルサーバーの「WordPress簡単インストール機能」を使うことでWordPressのインストールと、Webサイトの開設が簡単にできます。Webサイトを開設したら、初期設定などを確認しましょう。

● WordPressのイメージ

STEP 3：【デザイン】テーマを決めてデザインカスタマイズする

Webサイトのデザインやレイアウトなどのベースを決める「テーマ」を設定しましょう。今回は本書オリジナルテーマを利用します。テーマを設定したら、ロゴの設置やヘッダー、フッターの設定など、Webサイト全体の共通部分の設定を行います。

● 本書のオリジナルテーマ

STEP 4：【コンテンツ作成】ページ作成や機能の追加をする

Webサイト全体に関わる部分を設定したら、1つひとつのページを作成していきましょう。また、プラグインを使ってお問い合わせフォームや予約カレンダーなどの作成機能を追加し、実装していきます。

Webサイトを作る前に、まずはWebサイトの設計を考えるんですね。全体の流れがわかると迷わず進められそうです！

Chapter 3 - 02 STEP 0：【サイトを作る前に】
Webサイトの目的と設計を考えよう

Webサイトを作る前に、まずは「何のためにWebサイトを作るのか？」という目的を明確にして、情報を整理してまとめよう。

　Webサイトを作る前に、まずは「何のためにWebサイトを作り、どんなページを作成するのか？」という目的と設計を考えることが大切です。形にしたいWebサイトのゴールが決まっていない状態で作成をはじめると、途中で「やっぱりこうした方がいいかな？」と迷ってしまい、スムーズに作成できません。作りたいWebサイトを迷わず形にできるように、まずは情報設計を考え、Webサイトの完成形をしっかり決めましょう。

STEP 0	STEP 1	STEP 2	STEP 3	STEP 4
【サイトを作る前に】Webサイトの目的と設計を考える	【開設準備】サーバーの契約とドメインの取得をする	【開設】WordPressをインストールする	【デザイン】テーマを決めてデザインカスタマイズする	【コンテンツ作成】ページ作成や機能の追加をする

Webサイトの設計図を作ろう

　Webサイトの情報設計は、以下4つの流れで考えていきましょう。

① Webサイトの目的は？
② どのような情報を掲載したらいい？
③ どのようなサイト構成にする？
④ それぞれのページ構成はどうする？

　まずは、このWebサイトを通して何を実現したいのかというWebサイトの目的を考えましょう（①）。例えば、サンプルサイトであれば「新しくオープンするカフェの情報を発信し、予約に繋げること」が目的になります。目的は、Webサイトの情報設計をするうえでの判断軸となるので、必ず最初に決めておきましょう。

　続いて、目的を果たすためにどのような情報を掲載するべきかを洗い出してみましょう（②）。カフェの案内サイトであれば、お店の住所やメニュー、予約するための機能などが挙げられます。どのような情報を掲載したらいいのか迷った際は、自分が作りたいWebサイトのイメージに近いものをいくつかピックアップして、参考にするといいでしょう。参考サイトを探すときは、Chapter1のコ

ラム「おすすめのWebデザイン・Webサイトギャラリー」を活用すると便利です。

　そして、掲載する情報が決まったら、具体的にどのようなWebページを用意するかというサイト構成を考えます（③）。サイト構成を考える際には、下図のような「サイトマップ」というWebサイト全体の構成図を作って整理してみましょう。

● ③ どのようなサイト構成にする？：サイトマップの例

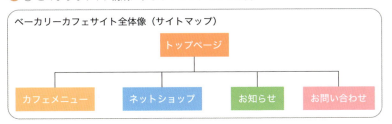

　最後に、それぞれのページにどのような情報を配置するのかという各ページの構成を考えましょう（④）。各ページの情報の配置は「ワイヤーフレーム」という設計図を作って整理します。各ページに掲載すべきテキスト情報や必要な画像を考えて、用意すべき素材も洗い出してみましょう。

● ④ それぞれのページ構成はどうする？：ワイヤーフレームの例

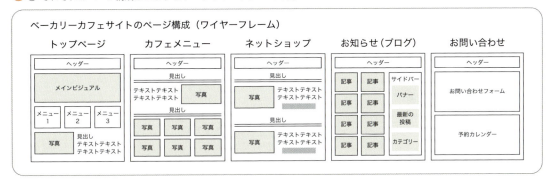

　このように、4つの流れでWebサイトの情報設計を考えます。サイトマップやワイヤーフレームは、クライアントワークの場合はクライアントとの認識を合わせるために作成しますが、自分のWebサイトを作る場合は自分の頭の中を整理するために作る形で問題ありません。自分がやりやすい形で大丈夫なので、Webサイトをスムーズに作成するために4つの流れに沿って情報設計を考えましょう。

> **memo**
> サイトマップやワイヤーフレームの作成は、手書きやパワーポイントなどの普段使い慣れているツールを利用する形でも大丈夫です。あなたがやりやすい形で作成してみましょう！

● Webサイトを作るための準備

① **Webサイトの目的は？** ……Webサイトにどのような役割を果たしてほしいのか明確にする

4月にオープンするベーカリーカフェのお店情報を確認できる案内の役割と予約を促す役割を果たす

② **どのような情報を掲載したらいい？** ……①の目的を踏まえて、掲載する情報を洗い出す

- カフェのメニュー内容
- 住所や電話番号、地図など
- お問い合わせ先
- ネットショップ
- ネット予約… etc

③ **どのようなサイト構成にする？** ……①②を踏まえて、必要なページを洗い出し、サイトマップにまとめる

ベーカリーカフェサイト全体像（サイトマップ）

④ **それぞれのページ構成はどうする？** ……各ページの情報の配置・レイアウトを決める

各ページの構成（ワイヤーフレーム）

| トップページ | カフェメニュー | ネットショップ | お知らせ（ブログ） | お問い合わせ |

Chapter 3

03 STEP1:【開設準備】 サーバーの契約とドメインの取得をしよう

Webサイトを作るためにサーバーとドメインが必要なんですよね。サーバーとドメインというものをはじめて知ったので、それぞれ詳しく教えてください！

サーバーとドメインは、Webサイトを作るうえで必須の知識だよ。サーバーとドメインの概要や契約方法などについて理解していこう！

Webサイトの設計を考えたら、STEP1のWebサイトの開設準備を行います。開設準備では、Webサイトの開設に必要なサーバーとドメインの契約を進めていきましょう。

Webサイトを開設するために必要なもの

Webサイトを開設するために必要なものは、①サーバーと②ドメインの2つになります。

インターネット上に、自分のWebサイトを公開するためには、自分のWebサイトの保存場所となるサーバーと、Webサイトにアクセスしてもらうために必要なURLの一部を構成するドメインを準備します。

● Webサイトを開設するために必要なものは2つ！

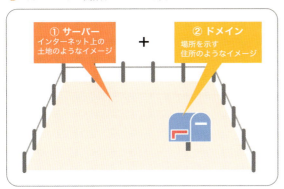

サーバーとは

サーバーとは、Webサイトのデータを保存している場所のことです。インターネット上に自分のWebサイトを公開するためには、自分のWebサイトのデータを保存する場所として、サーバーが必要になります。Chapter1-01でWebサイトが表示される仕組みを解説しているので、あわせて確認しましょう。

WordPressで作るWebサイトを開設するために必要なサーバーは、一般的にレンタルサーバーを利用して用意します。レンタルサーバーとは、サーバーを貸し出してくれるサービスのことです。

サーバーを自分で一から設定し運用していくには、Webサイトを作る知識とは別の知識が必要となり、とても大変です。一方、レンタルサーバー運営会社に月額料金を支払って、サーバーをレンタルすれば簡単に用意することができます。

レンタルサーバーの種類を確認しよう

レンタルサーバーには、大きく分けて無料サーバーと有料サーバーの2種類があります。
無料サーバーは、無料で利用できる代わりに、広告が表示される場合や、利用できる容量や機能に制限がある場合が多いです。それに対して有料サーバーは、月額利用料がかかりますが、広告表示がなく、契約プランに応じて容量や機能を選択でき、何か困ったときに質問できるサポート制度も充実しています。下表のとおり、それぞれの特徴を踏まえて用途に合ったものを選びましょう。

● レンタルサーバーの種類

	無料サーバー	有料サーバー
メリット	・利用料がかからない	・必要な容量や機能を選べる ・広告が表示されない ・サポート制度が充実している ・WordPress簡単インストール機能がある
デメリット	・広告が表示される ・容量や機能に制限がある	・月額利用料がかかる
おすすめ用途	・まずお試しでWebサイトを作りたい場合 ・趣味や学習を目的としたWebサイトを作る場合	・事業用のWebサイトを作りたい場合 ・ブログなど人に見てもらいたいWebサイトを作る場合

どんなレンタルサーバー会社があるの?

レンタルサーバー会社にはさまざまな種類があり、コスパがいい、機能性が高い、サポートが充実しているなど、それぞれの特徴があります。目的に合わせて契約するレンタルサーバー会社を検討しましょう。

● レンタルサーバーの特徴

	レンタルサーバー	特徴	価格
無料	XREA	GMOデジロック株式会社が提供する無料レンタルサーバー。広告が表示されるが、まずは無料でWordPressを手軽に使いたい人におすすめ。	無料（有料プランあり）
無料	スターレンタルサーバー	国内シェアNo.1の「エックスサーバー」のシステムを採用している格安レンタルサーバー。無料のフリープランは、広告表示なしでWordPressも開設可能。	無料（フリープラン）（有料プランあり）
有料	ロリポップ！	管理画面の操作性が高く、気軽にはじめやすい価格帯のため、初心者におすすめのレンタルサーバー。	初期費用 無料 月額264円〜
有料	エックスサーバー	高速性・安定性を兼ね備えた高性能レンタルサーバー。月額料金は少し高めだが、アクセス数が集まるWebサイトの運用などにおすすめ。	初期費用 無料 月額990円〜
有料	さくらインターネット	法人・個人ともに多くの実績を持ち、信頼性が高い老舗のレンタルサーバー。	初期費用 無料 月額500円〜
有料	ConoHa Wing	GMOインターネットが運営するレンタルサーバー。2018年から提供が開始された比較的新しいレンタルサーバー。	初期費用 無料 月額660円〜

※2025年3月時点の料金になります。
※ WordPressに対応する1番安いプランで、36カ月契約の場合の価格です。

ドメインとは

　ドメインとは、Webサイトの場所を示すための文字列です。すべてのWebページには「https://abcde.com」といった形の「URL」が設定されています。私たちはURLを指定することで、目的のWebページを閲覧できる仕組みになっています。

● ドメインとは

　好きな文字列を指定できるドメインを「独自ドメイン」と呼びます。独自ドメインは、「．（ドット）」の前を任意の文字列で設定し、「．（ドット）」の後ろの「com」や「jp」などの末尾の部分は、用意された種類の中から選択します。ただし、すでに他の人が使っているドメインは取得ができないので、取得する際には注意しましょう。

● 独自ドメイン

● ドメインの末尾の例

種類	意味
.com	商用（commercial）
.jp	日本に属する個人・法人
.net	ネットワーク
.co.jp	日本で登録している法人
.org	非営利組織（organization）
.tokyo	東京に関する個人・法人

独自ドメインはどうやって取得できるの？

　ドメインは「ドメイン取得サービス」を利用して、取得できる独自ドメインを検索し、取得することができます。独自ドメインは、取得時の登録料金と、2年目以降にかかる毎年の更新料金がかかります。独自ドメインの取得費用は、ドメイン末尾の種類によって費用が異なりますが、安いものであれば100円〜、信頼性の高いものであれば10,000円以上と幅広くあります。よく利用される「.com」や「.net」などであれば1,000円〜2,000円程度が目安です。

Webサイトを開設する事前準備の流れを確認しよう

　Webサイトを開設する準備は下図のように3ステップで進めていきます。まずは、レンタルサーバー会社でサーバーを契約し、次にドメイン取得サービスで独自ドメインを取得します。そして最後に、契約したサーバーと取得したドメインを紐づける作業をして、Webサイトを開設するための事前準備は完了です。

● Webサイトを開設するための事前準備3ステップ

Chapter 3 04 ① サーバーを契約しよう

ここからは実際にWebサイト開設の準備を進めていこう。まずはレンタルサーバーを利用してサーバーを契約していくよ！

サーバーの契約はどうやってするの？

　各レンタルサーバー会社のWebサイトから契約するプランを選択し、個人情報や決済情報などの必要事項を入力するだけで、簡単に契約することができます。レンタルサーバーを利用すれば、難しい専門知識は必要なく、10分程度でレンタル契約の手続きが完了します。

　利用するレンタルサーバー会社を決めて、各会社の手順に沿って契約手続きを行いましょう。

初心者におすすめのレンタルサーバーは「ロリポップ！」

　はじめてWebサイトを作る初心者におすすめのレンタルサーバーは、利用料が安く、操作しやすい「ロリポップ！」です。今回は「ロリポップ！」のライトプランを利用して契約を進めていきましょう。ライトプランの場合は、36カ月契約であれば月額264円で利用することができます。また、「ロリポップ！」の場合、10日間は無料で体験することができるので、試しに使ってみたいという場合も安心です。

● レンタルサーバー「ロリポップ！」のWebサイト

レンタルサーバーの契約をしよう

レンタルサーバー「ロリポップ！」の契約を進めましょう。「ロリポップ！」での契約がはじめての場合は、「10日間無料でお試し」を選択しましょう。

1 「https://lolipop.jp/」にアクセスする

2 [お申込み]をクリックする

memo
「ロリポップ！」のトップページ表示は、開催中のキャンペーンなどによって変わります。

3 「ライト」プランの[10日間無料でお試し]をクリックする

point　WordPressが使えるプランを選択しよう

各レンタルサーバー会社には複数の契約プランが用意されており、プランによってスペックや価格が異なります。WordPressでWebサイトを開設する場合には、必ずWordPressが利用可能なプランで契約しましょう。「ロリポップ！」の場合は、5つのプランが用意されており、「ライト」プラン以上であればWordPressが利用できます。WordPressに対応していないプランで契約すると、WordPressが利用できないので、契約の際には注意しましょう。

・ロリポップ！のドメイン（初期ドメイン）

　レンタルするサーバーに付属する無料のドメインです。独自ドメインを設定しない場合には、ここで設定した初期ドメインがそのままあなたのWebサイトのURLになります。自動で生成された文字列が入力されているので、特に変更せずそのままの形でも問題ありません。

・パスワード

　「ロリポップ！」アカウントのパスワードを設定します。

・連絡先メールアドレス

　「ロリポップ！」アカウントのメールアドレスを設定します。このアドレスに、「ロリポップ！」からのお知らせなどが届きます。

> **注意**
>
> ここで登録する情報は、「ロリポップ！」のアカウント情報になります。これからドメイン取得サービスやWordPressのアカウントも設定するので、それぞれのアカウント登録情報が混同しないように注意しましょう。

6 SMSを確認できる電話番号を入力する

7 [**認証コードを送信する**]をクリックする

認証コード「　　　」：この番号をロリポップのお申込みフォームに入力してください。

入力した電話番号に4桁の認証コードが届く

— memo —

認証コードがすぐに届かない場合は、5分程度待ってみましょう。時間をおいても届かない場合には「入力画面に戻って再送する」を選択して、再送を試してください。

8 届いた4桁の認証コードを入力する

9 [**認証する**]をクリックする

52

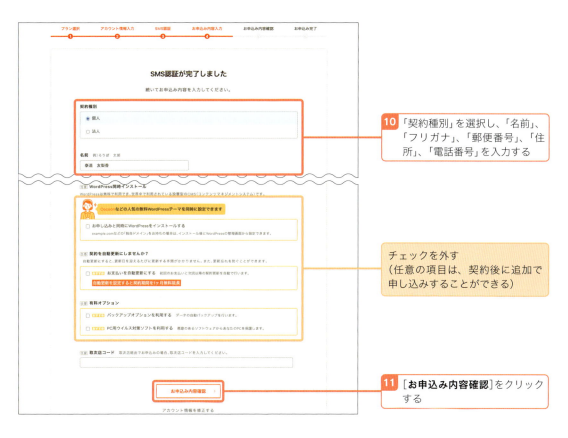

10 「契約種別」を選択し、「名前」、「フリガナ」、「郵便番号」、「住所」、「電話番号」を入力する

チェックを外す
(任意の項目は、契約後に追加で申し込みすることができる)

11 [**お申込み内容確認**]をクリックする

入力内容を確認する

12 [**無料お試し開始**]をクリックする

[ユーザー専用ページにログインする]をクリックすると、「ロリポップ！」のユーザー専用ページが開く

登録したメールアドレス宛に「【ロリポップ！】お申込み完了のお知らせ」という件名のメールが届いていることを確認する

point 「ロリポップ！」の契約情報を忘れないように管理しよう

「ロリポップ！」の契約情報は、メールを保護したり、メモに控えたりして、忘れないように管理しておきましょう。

● ① のサーバー契約が完了

05 ②独自ドメインを取得しよう

サーバーの契約ができたら、次は独自ドメインを取得していくよ。ドメインの取得作業に入る前に、取得したい独自ドメインを考えておこう！

独自ドメインとは

　独自ドメインとは、オリジナルの文字列で指定するドメインのことです。独自ドメインを取得することによって、あなたのWebサイトにオリジナルのURLを設定することができます。また、独自ドメインは、他の人が同じものを取得することができず、所有している人の固有のものになります。独自ドメインのWebサイトを作ることで、Webサイトの信頼やブランド力の向上に繋がります。

ドメインの取得はレンタルサーバー会社に合わせよう

　今回は、「ロリポップ！」の提携会社である独自ドメイン取得サービス「ムームードメイン」を利用して、独自ドメインの取得方法を解説します。契約したサーバーと取得したドメインは、紐づけ作業が必要になります。サーバーとドメインの契約を提携サービスを利用して行うことで、細かい設定を省略でき、簡単に紐づけ作業ができます。

● 提携しているサービスを利用することでサーバーとドメインの紐づけが簡単にできる！

取得したい独自ドメインを考えよう

　独自ドメインを取得する際に、どのような文字列にするか事前に考えておきましょう。好きな文字

列を設定できますが、Webサイトや活動の内容がわかる単語を組み合わせた文字列にすることがおすすめです。例えば、カフェのサイトであればカフェの「名前＋地名」で設定すると、ドメインを見ただけで「東京にあるカフェなんだ！」とイメージしやすくなります。すでに他の人が利用しているドメインは取得できないので、希望の文字列を2〜3パターン考えておくといいでしょう。

● ドメインの文字列は何のサイトかがわかる内容にしよう！

カフェの Web サイトの場合	個人の Web サイトの場合
お店の名前	名前＋活動内容がわかる単語
chillcafe.tokyo	yurikadesign.com
地名	商用

独自ドメインを取得しよう

ドメイン取得サービス「ムームードメイン」を利用して独自ドメインを取得します。レンタルサーバー「ロリポップ！」のユーザー専用ページから進めていきましょう。

1 取得する独自ドメインを決めよう

先ほどのサーバーの契約完了後に表示されたページから、ユーザー専用ページへ移動します。まずは、取得できる独自ドメインを検索し、取得するドメインの文字列を決めましょう。

こちらのページを閉じている場合は、「ロリポップ！」にログインしてユーザー専用ページを開く

1 [ユーザー専用ページにログインする]をクリックする

ユーザー専用ページから、「ロリポップ！」の契約内容の確認や手続きができる

2 [独自ドメインを設定する]をクリックする

独自ドメイン設定のページが開く

3 希望するドメインの文字列を入力し、[**ドメインを検索する**]をクリックする

4 取得したいドメインの[**カートに追加**]をクリックする

memo

価格は1年でかかる費用が表示されます。

すでに他の人が取得しているドメインは「取得できません」と表示される

5 [**お申し込みへ**]をクリックする

2 ムームードメインに新規登録しよう

ドメイン取得のためにムームードメインにアカウント登録をします。

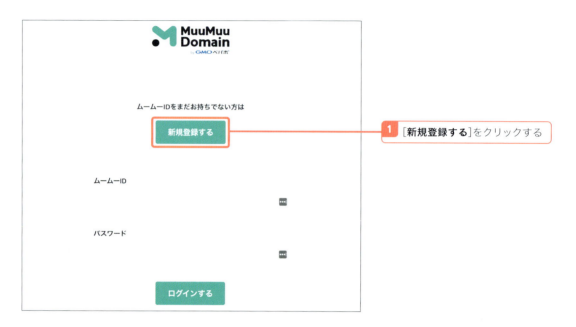

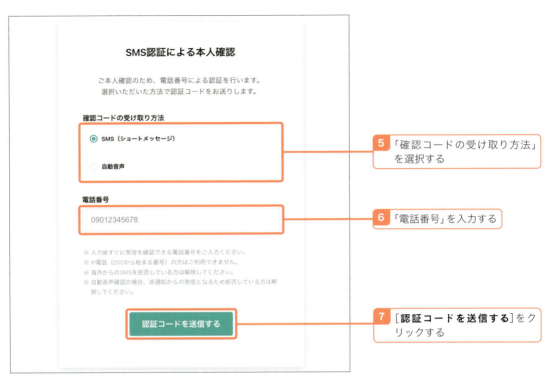

5 「確認コードの受け取り方法」を選択する

6 「電話番号」を入力する

7 [**認証コードを送信する**]をクリックする

入力した電話番号に4桁の認証コードが届く

---- memo ----

認証コードがすぐに届かない場合は、5分程度待ってみましょう。時間をおいても届かない場合には「入力画面に戻って再送する」を選択して、再送を試してください。

---

8 届いた4桁の認証コードを入力する

9 [**本人確認をして登録する**]をクリックする

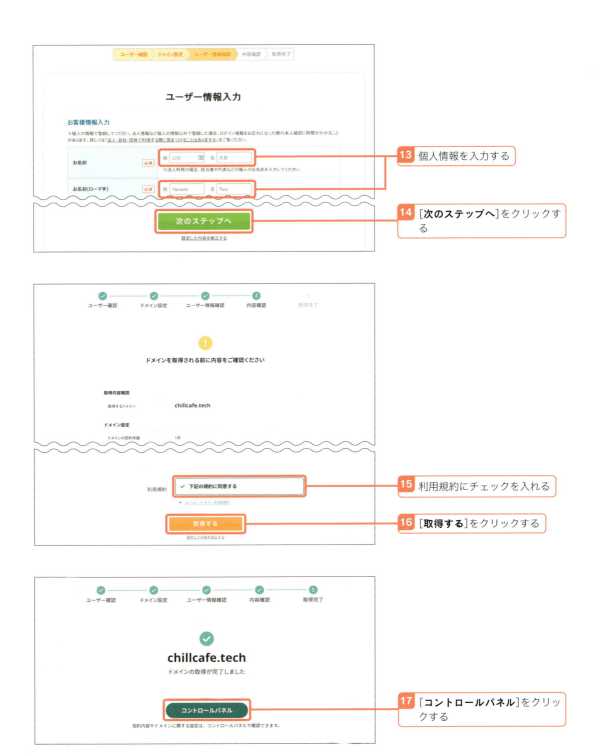

● ② のドメインの取得が完了

06 ③ サーバーとドメインを紐づけよう

最後に、契約したサーバーと取得したドメインの紐づけ作業をするよ。10分程度で完了する簡単な作業だから、最後のステップも頑張ろう！

　サーバーと独自ドメインそれぞれの契約が完了した段階では、まだサーバーとドメインの情報が紐づいていません。契約したサーバー上で、取得した独自ドメインを利用するためには、サーバーとドメインの情報を紐づける必要があります。独自ドメインを取得した場合は、必ずこの紐づけ作業が必要になるので理解しておきましょう。紐づけ作業は、契約したレンタルサーバー会社の提携会社でドメインの契約をすることで、簡単に行うことができます。

● 用意した土地と住所を紐づけしよう！

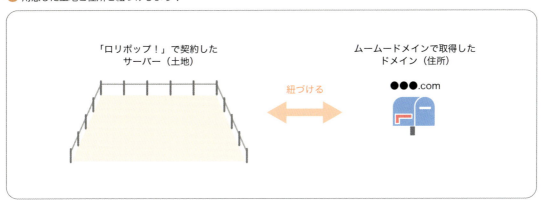

サーバーとドメインを紐づけよう

　「ロリポップ！」で契約したサーバーと、「ムームードメイン」で取得した独自ドメインを紐づけします。サーバーとドメインの紐づけは、「ロリポップ！」のユーザー専用ページの[**独自ドメイン設定**]から行います。

P.57の作業時の画面を閉じている場合は、「ロリポップ！」のユーザー専用ページを開き、左メニューの[サーバーの管理・設定]＞[独自ドメイン設定]をクリックする

1 取得した独自ドメインを入力する

2 独自ドメインと同じ文字列を入力する

memo
「公開（アップロード）フォルダ」とは、独自ドメインを設定したWebサイトのデータを保存するフォルダ名の設定です。今回はわかりやすいよう独自ドメインと同じ文字列で指定しますが、指定がない場合は、空欄のままで大丈夫です。

3 [ロリポップ！アクセラレータを利用する]にチェックを入れる

memo
アクセラレータとはWebサイトを高速・安定して表示する「ロリポップ！」の機能です。

4 [独自ドメインをチェックする]をクリックする

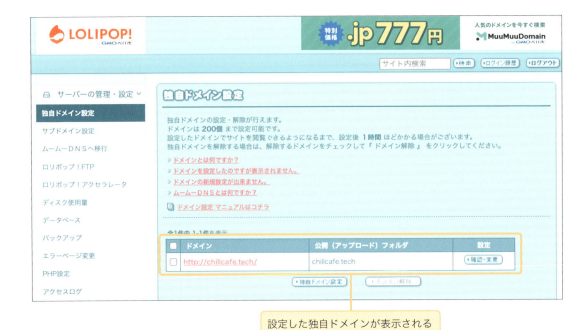

設定した独自ドメインが表示される

　サーバーと独自ドメインの紐づけが完了後、独自ドメインでWebサイトが閲覧できるようになるまでに1時間ほどかかる場合があります。WordPressをインストールした後にWebサイトが表示されない場合は、時間をおいてからもう1度確認してください。

● ③ のサーバーとドメインの紐づけが完了

レンタルサーバーやドメイン取得サービスを利用することで、難しい知識は必要なく、簡単に準備ができるんですね！

サーバーとドメインの準備が完了したら、いよいよWordPressをインストールしてWebサイトを開設していくよ！

WordPressをインストールして Webサイトを開設しよう

サーバーとドメインの準備ができたら、いよいよWebサイトを開設しましょう。レンタルサーバーの簡単インストール機能を使うことで、専門知識がなくてもWordPressをインストールし、Webサイトを開設することができます。また、Webサイトを開設したら、実際に管理画面にログインしてWordPressの初期設定を行いましょう。

01 STEP 2：【開設】WordPressをインストールしよう

WordPress簡単インストール機能を使ってWebサイトを開設していこう。サイトのタイトルやメールアドレスなどを入力するだけで、10分程度で開設することができるよ。

WordPressのデータをダウンロードしたり難しい作業があるのかなと思っていたのですが、そんなに簡単にできるなんて助かります！

サーバーとドメインの準備が完了したら、WordPressをインストールしてWebサイトを開設します。

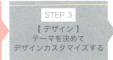

WordPressを利用したWebサイトの開設方法

WordPressでWebサイトを開設する1番簡単な方法は、レンタルサーバーのWordPress簡単インストール機能を利用する方法です。レンタルサーバーの管理画面から、作成するWordPressの情報を入力するだけでWebサイトを開設することができます。この方法であれば、Webサイトを作ったことがない初心者や、WordPressをはじめて利用する人でも簡単に開設できます。

WordPressをインストールしよう

「ロリポップ！」のWordPress簡単インストール機能を使ってWordPressをインストールします。「ロリポップ！」のユーザー専用ページから左メニューの[**サイト作成ツール**]>[**WordPress簡単インストール**]を開き、必要な項目を入力しましょう。

1 ［サイト作成ツール］>
［WordPress簡単インス
トール］をクリックする

2 次のページの説明を参考に、
①〜⑦の各項目を入力する

3 ［入力内容確認］をクリックする

① サイトURL

これから開設するWebサイトのURLの設定です。紐づけした独自ドメインを選択しましょう。/（スラッシュ）の後の「入力は任意です」の部分は空欄のままで大丈夫です。前のページの図の場合、「http://chillcafe.tech/」というURLのWebサイトを開設することになります。

② 利用データベース

データベースとは、WordPressのデータを保存する場所です。今回開設するWebサイトのデータを保存するデータベースを設定します。「新規自動作成」を選択しましょう。

③ サイトのタイトル

Webサイトの名前を設定します。「サイトのタイトル」は、Webサイト開設後にWordPressの設定画面から変更できます。

④ ユーザー名

WordPressにログインするときに利用するユーザー名を設定します。

⑤ パスワード

WordPressにログインするときに利用するパスワードを設定します。

⑥ メールアドレス

WordPressのユーザーアカウントに紐づくメールアドレスを設定します。

⑦ 最初に設定するWordPressテーマを選択

Webサイト開設時に最初に設定されているWordPressテーマを選択することができます。今回は「WordPressのデフォルトテーマ」を選択しましょう。

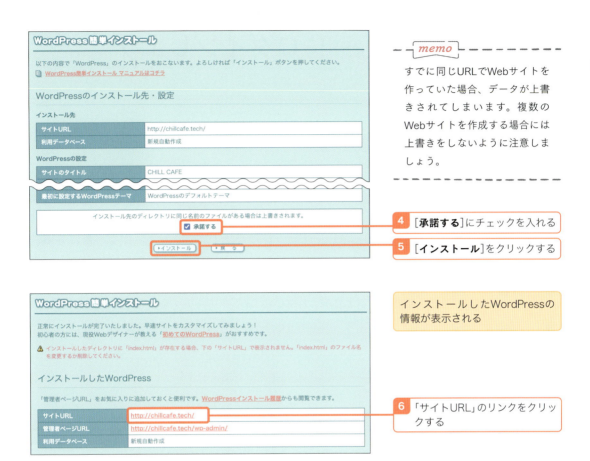

すでに同じURLでWebサイトを作っていた場合、データが上書きされてしまいます。複数のWebサイトを作成する場合には上書きをしないように注意しましょう。

4 [**承諾する**]にチェックを入れる

5 [**インストール**]をクリックする

インストールしたWordPressの情報が表示される

6 「サイトURL」のリンクをクリックする

サイトURLをクリックすると、開設したWebサイトが開く

自分のWebサイトがインターネット上に公開されている状態です。サイトURLにアクセスすれば誰でもWebサイトを閲覧できます。

開設した際に表示されるWebサイトのデザインは初期設定のものだよ。WordPressインストール時に反映される初期設定のテーマデザインは毎年変わるよ。

02 WordPressにログインしよう

さっそくWordPressにログインして、管理画面を確認してみよう！ WordPressの管理画面のことをダッシュボードと呼ぶよ。

管理画面を表示しよう

WordPressにログインをすると、WordPressの管理画面（ダッシュボード）が表示され、WordPressの設定やWebページの作成・編集を行うことができます。WordPressのログイン方法やダッシュボードの表示を確認しましょう。

「ロリポップ！」ユーザー専用ページに表示されている「インストールしたWordPress」の「管理者ページURL」にあるリンクをクリックして、WordPressのログイン画面へ移動します。

1 「管理者ページURL」のリンクをクリックする

---

memo

初期設定のWordPressログイン画面はWebサイトのURL末尾に「/wp-admin」または「/wp-login.php」を入力することで開くことができます。

（例）http://独自ドメイン/wp-admin
（例）http://独自ドメイン/wp-login.php

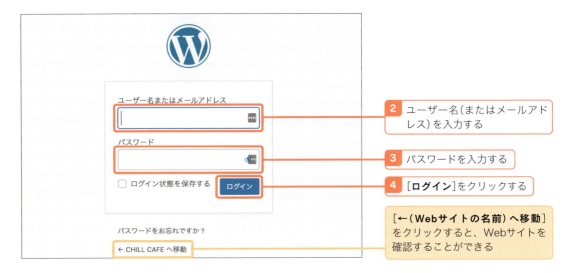

2 ユーザー名（またはメールアドレス）を入力する

3 パスワードを入力する

4 ［ログイン］をクリックする

［←（Webサイトの名前）へ移動］をクリックすると、Webサイトを確認することができる

注意

WordPressのログイン情報とサーバーの契約情報は別物です。WordPressの管理画面にログインする際は、P.69の「ロリポップ！」のWordPress簡単インストールで設定したWordPressのユーザー名とパスワードを入力します。

5 ［×非表示］をクリックする

トップに表示されているお知らせは、内容を確認したら非表示にしてよい

point **WordPressの管理画面＝ダッシュボード**

WordPressの管理画面のことを「ダッシュボード」と呼びます。WordPressを操作するうえでよく使うワードなので覚えておきましょう。

Chapter 4

03 ダッシュボード（管理画面）の基本操作

WordPressのダッシュボードの操作画面と基本操作を確認しよう！

ダッシュボード（管理画面）を確認しよう

WordPressの設定や編集は、ダッシュボードから操作することができます。ダッシュボードは頻繁に使用するので、画面構成とそれぞれの役割について理解しましょう。

① ツールバー

② ナビゲーションメニュー

① ツールバー

画面上部の黒いバーは「ツールバー」です。ツールバーは、ダッシュボードに表示されるだけでなく、WordPressにログインしている状態であればWebサイト上にも表示されます。Webサイトの表示や、メニューの一部機能にクイックアクセスができます。

② ナビゲーションメニュー

画面左部分は、さまざまな機能が並んでいる「ナビゲーションメニュー」です。WordPressの設定や、Webページの新規作成、編集などはナビゲーションメニューから設定を行います。項目がたくさんありますが、頻繁に使うメニューは「投稿」「メディア」「固定ページ」「外観」「プラグイン」「設定」の6つなので、まずはよく使うメニューから理解していきましょう。それぞれのメニューについてはChapter5以降で解説します。

③ 作業エリア

ナビゲーションメニューで選択したメニューに対応して編集や設定の内容が表示され、実際に作業や操作をするエリアです。

ツールバーを確認しよう

ツールバーの中でまず覚えておきたい機能は以下の2つです。

1. Webサイトの表示　……………　自分のWebサイトを表示する
2. ログアウト　…………………　WordPressからログアウトする

それでは早速1つずつ確認していきましょう。

1 Webサイトを表示してみよう

ツールバーの左側に表示されている、設定した[**サイトのタイトル名**]（解説では「CHILL CAFE」）にカーソルを当てるとメニューが出てくるので、[**サイトを表示**]をクリックしましょう。

1 [**サイトを表示**]をクリックする

そのままクリックすると、同じタブのまま、ダッシュボードからWebサイトの画面に切り替わる

> **point** Webサイトを別タブで開いて作業効率アップ
>
> Ctrl（Macの場合はCommand）を押しながらクリックすると、Webサイトを別タブで開くことができます。ダッシュボードと別タブでWebサイトを開いておくと作業がしやすくて便利です。

ログイン状態でWebサイトを開くと、このようにツールバーが表示される

point Webサイト上に表示されるツールバーは非表示にできる

Webサイト上のツールバーは、ナビゲーションメニューの[**ユーザー**]＞[**プロフィール**]にある[**サイトを見るときにツールバーを表示する**]のチェックを外すことで非表示にできます。ユーザーと同じようにWebサイトの表示を確認したいときや表示が不要な場合は、非表示に設定しましょう。

それぞれの項目にカーソルを当てると表示されるメニューから、ダッシュボードのナビゲーションメニューの機能にクイックアクセスができる

2 ログアウトをしよう

WordPressからログアウトしたい場合は、右上の[**こんにちは、【ユーザー名】さん**]にカーソルを当て、表示されるメニューの[**ログアウト**]をクリックします。ログアウトするとWordPressのログイン画面に戻ります。

1 [**こんにちは、【ユーザー名】さん**]＞[**ログアウト**]をクリックする

point ログイン状態を都度確認して、ログイン情報の漏洩を防ごう

ログインをしたままにすると、ログイン情報がそのまま残る場合があります。共用パソコンの場合などは情報漏洩の観点から、作業後は都度ログアウトするようにしましょう。

Install WordPress and Launch Your Website

04 SSL化でセキュリティを強化しよう

Webサイトの URL の表示を確認すると「保護されていない通信」と表示されているのですが、このままで大丈夫ですか？ 見る人が不安になりそうですね。

よく気付いたね！「常時SSL化」の設定をすれば、警告が消えるよ。Webサイトのセキュリティを強化しよう！

httpとhttpsの違いを理解しよう

　WebサイトのURLの頭に付いている「http」というのは、WebサーバーとWebブラウザが情報をやり取りするときの通信規格です。httpは「Hyper Text Transfer Protocol」の略です（これを覚える必要はありません）。そして、この「http」の通信規格を暗号化したものが「https」になります。httpのままで通信が暗号化されていない状態の場合、Webサイトに設置する送信フォームなどからデータを送信する際に、第三者にデータをそのまま読み取られてしまう危険があります。

　そこで、https化（常時SSL化）をして、Webページの情報の通信を暗号化することで、万が一第三者にデータを読み取られても、内容が暗号化されて読み取りが難しくなり、Webサイトの安全性を高めることができます。

● http と https の通信の違い

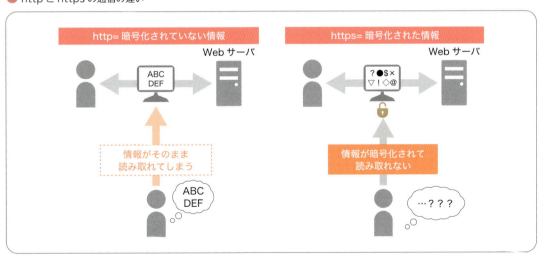

Webブラウザのアドレスバーを確認すると、httpと表示されているWebサイトは「保護されていない通信」という警告が表示されます（警告の表示は、Webブラウザによって異なる場合があります）。それに対して、https化したWebサイトには鍵マークが付いています（Webブラウザによっては、鍵マークが表示されない場合があります）。httpをhttpsにするために、「SSL化」の設定をしましょう。

● httpとhttpsのアドレスバーの表示の違い

SSL化の設定手順を確認しよう

　SSL化の設定は、サーバー側での設定とWordPress側での設定が必要になります。まずはサーバー側で独自SSL証明書を取得し、次にWordPress側でWebサイトのアドレスを「http」から「https」に変更します。WordPressでの設定はプラグインを使えば簡単に行えます。

● SSL化の設定手順

> memo
>
> プラグインとは、WordPressに便利な機能を追加できる拡張ツールです。プラグインについては、Chapter8で詳しく説明します。

① サーバー側でSSLの設定をしよう

　「ロリポップ！」の管理画面を開きましょう。SSLの設定は、左メニューの[**セキュリティ**]>[**独自SSL証明書導入**]から行います。

1 [セキュリティ]>[独自SSL証明書導入]をクリックする

memo
SSLを設定したいドメインにチェックを入れます。チェックができない場合は、時間をおいてからもう1度確認してください。

2 表示されている独自ドメインの2箇所にチェックを入れる

3 [独自SSL（無料）を設定する]をクリックする

設定反映中は、[SSL設定作業中]と表示され、反映までは5分程度かかる

[SSL保護有効]と表示が変わったら完了

② WordPressでSSL化をしよう

「Really Simple Security」というプラグインを利用して、WordPressでSSL化設定を行いましょう。「ロリポップ！」を利用している場合、WordPressでの設定の前に、「ロリポップ！」側で使用するプラグイの動作を許可するための操作が必要です。他のレンタルサーバーでは必要がない場合もあるので、操作が不要な場合はP.82のプラグインをインストールする手順へ進みましょう。

1 「ロリポップ！」で設定をしよう

「ロリポップ！」の管理画面から設定を行います。「ロリポップ！」へログインしましょう。

1 [サーバーの管理・設定]>[ロリポップ！FTP]をクリックする

2 取得した独自ドメイン名のフォルダをクリックする（解説では「chillcafe.tech」）

3 [wp-config.php]をクリックする

4 オーナー列の[呼出][書込]、グループ列、そのほか列の[呼出]にチェックを入れる

注意
似たような名前のファイルがあるため、選択するファイルを間違えないようにしましょう。

5 ページ下部にある[保存する]をクリックする

6 [OK]をクリックする

「wp-config.phpファイルを編集保存しました」と表示されたら完了

注意
WordPressのSSL化（P.85までの操作）が完了したら、必ず「現在の属性」をオーナー列の「呼出」のみに戻しておきましょう。

2 プラグイン「Really Simple Security」をインストールして有効化しよう

ダッシュボードのナビゲーションメニューの[**プラグイン**]から、プラグイン「Really Simple Security」をインストールし、有効化しましょう。

1 [**プラグイン**]>[**新規プラグインを追加**]をクリックする

2 検索ボックスに「Really Simple Security」と入力する

3 [**今すぐインストール**]をクリックする

82

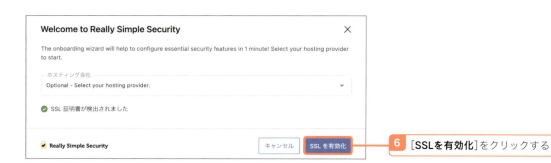

3 プラグイン「Really Simple Security」の設定を完了させよう

再度WordPressにログインをして、「Really Simple Security」の設定を完了させます。

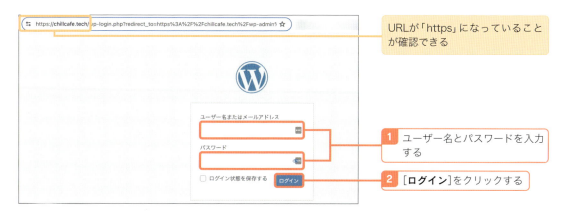

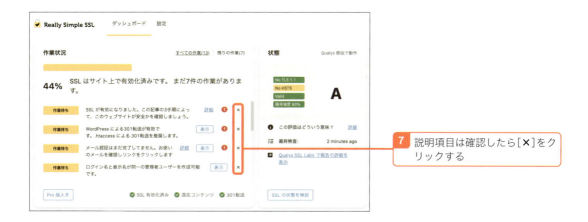

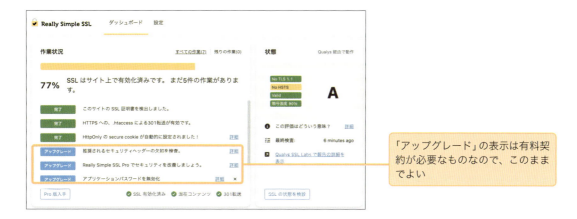

4 WebサイトのURLを確認しよう

　SSLの設定が完了したら、Webサイトを開いてアドレスバーを確認してみましょう。「http://--」と入力をしても、「https://--」のページに自動で移動するようになっています。

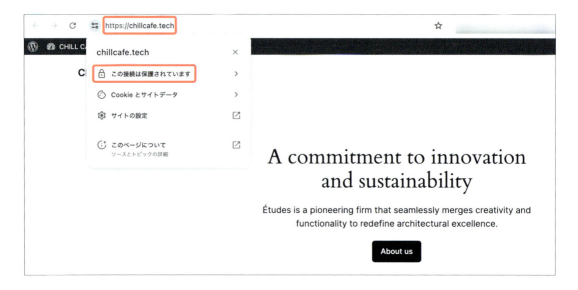

Install WordPress and Launch Your Website

Chapter 4 05 パスワードを強化しよう

WordPressの管理画面への不正アクセスを防ぐうえで、ログインパスワードを複雑にしておくことが大切だよ。ユウコさんは何文字くらいで設定したかな？

えっと……6文字くらいですかね？ 不正アクセスの可能性なんて考えずにいつも使っているパスワードを設定していました。強化したパスワードに変更したいです！

不正アクセスを防ごう

　WordPressへの不正アクセスは主にログイン画面からの侵入が狙われるので、複雑なパスワードを設定して強化することが大切です。生年月日などの推測しやすいものや、単純な単語の組み合わせなどでは侵入されてしまう可能性が高くなります。
　WordPressでは、セキュリティ対策として、英数字を複雑に組み合わせたパスワードを自動で生成することができます。WordPressの安全を守るために、強化したパスワードに設定しておきましょう。

パスワードを複雑な文字列に変更しよう

　パスワードの変更は、[**ユーザー一覧**]から行います。[**ユーザー一覧**]では他にも、ユーザーアカウントの追加やアカウント情報の変更ができます。[**ユーザー一覧**]から、パスワードの自動生成機能を利用してパスワードを変更しましょう。

1 [**ユーザー**]>[**ユーザー一覧**]をクリックする

87

WordPressに登録されている
ユーザーアカウント一覧が表示される

2 ユーザー名の[編集]をクリックする

アカウントの設定内容が表示される

3 [新しいパスワードを設定]をクリックする

自動で生成されたパスワードが表示される

注意

更新する前に、新しいパスワードをコピーして控えておきましょう。更新するとパスワードの表示が消え、確認できなくなります。

4 [プロフィールを更新]をクリックする

パスワードの変更が完了

point パスワードの強化は自動生成が便利

複雑なパスワードは、自分で考えるよりも、自動生成すると便利で安全性も高まります。
自動生成したパスワードは、わからなくならないように必ずメモに控えましょう。

WordPressのセキュリティ対策は、Webサイトを安全に運営していくうえで非常に大切だよ。Chapter12ではWordPressのセキュリティ対策についてより詳しく解説しているよ。あわせて確認しよう！

Install WordPress and Launch Your Website

Chapter 4 » 06 WordPressの初期設定を行おう

Webサイトを作る前に、最初に設定しておきたい初期設定を確認しよう。

　WordPressでWebサイトを作り込む前に、必要な初期設定を確認していきましょう。最初に確認しておきたい設定項目はこちらの3つです。

- 一般設定　……………………Webサイト全体の設定
- パーマリンク設定　……………自動で生成される投稿のURL設定
- コメント機能オフ　……………投稿のコメント機能をオフにする設定

　それでは1つずつ確認していきましょう。

「一般設定」でサイト全体の設定をしよう

　「一般設定」では、Webサイトの名前や管理者メールアドレス、言語などのWordPressおよびWebサイト全体の設定ができます。サイトのタイトルの確認、キャッチフレーズとサイトアイコンの設定を行いましょう。

1　[**設定**]>[**一般**]をクリックする

89

「ロリポップ！」でWordPressインストール設定時に入力したタイトルが反映されている

2 「キャッチフレーズ」にサイトの簡単な説明をテキストで入力する（解説では「東京都世田谷区・三軒茶屋にあるベーカリーカフェ」と設定）

memo
「サイトのタイトル」はWebサイトの名前、「キャッチフレーズ」はWebサイトの簡単な説明です。

3 [サイトアイコンを選択]をクリックする

point 「何のWebサイトなのか？」がわかるように設定をしよう

サイトのタイトルとキャッチフレーズは、検索エンジンにも反映されます。「このWebサイトは、何のWebサイトなのか、どんな情報が掲載されているのか？」をわかりやすく記入しましょう。

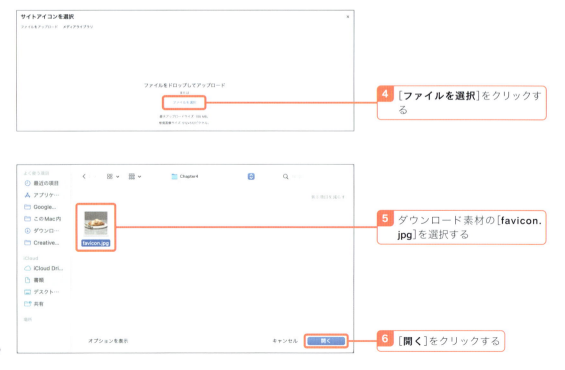

4 [**ファイルを選択**]をクリックする

5 ダウンロード素材の[**favicon.jpg**]を選択する

6 [**開く**]をクリックする

7 アップロードした画像にチェックが入っていることを確認し、[**サイトアイコンとして設定**]をクリックする

設定したサイトアイコンの画像が反映される

8 [**変更を保存**]をクリックする

> **point**　**サイトアイコンはユーザーが認識しやすい画像にしよう**
>
> サイトアイコンは「ファビコン」と呼ばれるもので、Webブラウザで表示したときや、ブックマークしたときに表示されるアイコン画像のことです。小さく表示されるアイコンですが、ユーザーにとって他のサイトと見分けるための大切な要素となります。ユーザーの記憶に繋がる画像を設定しましょう。

Webサイトをリロードすると、設定内容がWebサイトに反映される（タブの表示は、サイトのタイトル＋キャッチフレーズ）

> **point** 覚えておきたい操作
>
> [Ctrl] ＋ [R]　ページのリロード（再読込み）
> Mac の場合：[Command] ＋ [R]

パーマリンク設定をしよう

パーマリンクとは、Webサイトのそれぞれのページに設定されるURLの一部を指します。

● パーマリンク

https://chillcafe.tech/samplewp
　　　　独自ドメイン　　パーマリンク

　このパーマリンクは、投稿を作成すると自動で生成されます。その自動で生成されるパーマリンクを「どのような文字列で生成するか？」を設定するのがパーマリンク設定です。指定する文字列の種類や設定方法を確認しながら、実際に設定を行います。

1 [設定]>[パーマリンク]をクリックする

> 「パーマリンク設定」の中の「共通設定」
> の項目からパーマリンクの設定を行う

パーマリンク設定

WordPress ではパーマリンクやアーカイブにカスタム URL 構造を使うことができます。URL をカスタマイズすることで、リンクの美しさや使いやすさ、そして前方互換性を改善できます。利用できるタグはたくさんありますが、以下にいくつか試していただける例を用意しました。

共通設定

サイトのパーマリンク構造を選択してください。%postname% タグを含めるとリンクが理解しやすくなり、投稿が検索エンジンで上位に表示されるのに役立つ可能性があります。

パーマリンク構造

- ○ 基本
  https://chillcafe.tech/?p=123
- ● 日付と投稿名
  https://chillcafe.tech/2024/07/12/sample-post/
- ○ 月と投稿名
  https://chillcafe.tech/2024/07/sample-post/
- ○ 数字ベース
  https://chillcafe.tech/archives/123
- ○ 投稿名
  https://chillcafe.tech/sample-post/
- ○ カスタム構造
  https://chillcafe.tech   /%year%/%monthnum%/%day%/%postname%/

利用可能なタグ:

`%year%` `%monthnum%` `%day%` `%hour%` `%minute%` `%second%` `%post_id%` `%postname%` `%category%` `%author%`

● パーマリンク設定の項目と設定内容

	URLの表示	生成方法
基本	https://chillcafe.tech/?p=123	?p= の後の数字を自動で生成
日付と投稿名	https://chillcafe.tech/2024/07/12/sample-post	日付＋投稿名（sample-post）で生成
月と投稿名	https://chillcafe.tech/2024/07/sample-post	月＋投稿名（sample-post）で生成
数字ベース	https://chillcafe.tech/archives/123	archives/の後の数字を自動で生成
投稿名	https://chillcafe.tech/sample-post	投稿名（sample-post）で生成
カスタム構造	https://chillcafe.tech/利用可能なタグ	選択した利用可能なタグで生成

---

point **初心者におすすめなのは「数字ベース」**

URLは、日本語で設定すると文字化けする可能性があるので、基本的には日本語は使わずに、英数字で設定するのがおすすめです。「投稿名」はページのタイトルが反映されるので、日本語でページタイトルを設定した場合、パーマリンクにも日本語が反映される形になります。そのため、WordPressを使い慣れるまでは、書き換えが必要ない「数字ベース」で設定しておくことがおすすめです。

Chapter 4　WordPressをインストールしてWebサイトを開設しよう

コメント機能をオフにしよう

WordPressには、投稿に対してコメントを書き込みできる「コメント機能」が標準で備わっています。

コメント機能をオンにしておくと、スパムコメント（投稿の内容とは関係のない宣伝などを、無差別に大量に投稿されること）を受ける可能性が高くなります。そのため、コメント機能を使わない場合は、設定をオフにしておくことをおすすめします。今回のサンプルサイトでもコメント機能をオフにしておきましょう。

1 コメント欄の表示を確認しよう

まずは、現在のコメント欄の表示をWebサイトで確認してみましょう。コメント欄は投稿の本文下に表示されます。

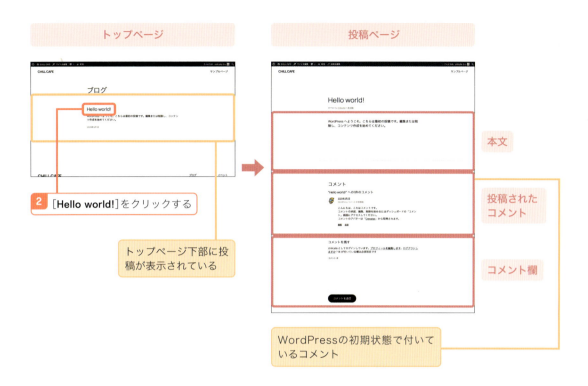

2 コメント機能をオフにしよう

ダッシュボードのナビゲーションメニューの[**設定**]＞[**ディスカッション**]から、コメント機能をオフに設定します。

「ここでの変更は、新しい投稿にのみ適用されます。」と表記がある通り、設定変更後の投稿にはコメント欄は表示されませんが、変更前に作成した投稿に関してはそのままコメント欄が残っています。削除したい場合には、投稿の編集ページから個別にコメント欄の設定を変更すれば削除できます。

ここまでで、以下3つの初期設定が完了しました。

- 一般設定 ……………………… Webサイト全体の設定
- パーマリンク設定 …………… 自動で生成される投稿のURL設定
- コメント機能オフ …………… 投稿のコメント機能をオフにする設定

初心者の私でも、ダッシュボードから簡単に操作ができて驚きました！ 最初は難しそう……と思っていましたが、これなら私でもWebサイトを作れそうな気がします！

そうだね。WordPressインストールから初期設定までしっかり理解して、これからWordPressの操作にどんどん慣れていこう！

Webサイト制作をはじめよう

Webサイトのレイアウトやデザインなどの骨組みとなる「テーマ」を設定して、Webサイトのデザインカスタマイズを行います。テーマの活用方法やカスタマイズ方法を習得していきましょう。

STEP 3：【デザイン】
WordPressのテーマとは

WordPressのテーマというものを利用して作っていくんですよね。テーマってどのようなものなんですか？

Webサイト全体の骨組みとなるテンプレートのようなものだよ！ テーマの種類や特徴について理解していこう。

WordPressのインストールと初期設定が終わったら、Webサイトをカスタマイズしていきましょう。まずは、Webサイト全体のデザインから設定していきます。

STEP 0	STEP 1	STEP 2	STEP 3	STEP 4
【サイトを作る前に】Webサイトの目的と設計を考える	【開設準備】サーバーの契約とドメインの取得をする	【開設】WordPressをインストールする	【デザイン】テーマを決めてデザインカスタマイズする	【コンテンツ作成】ページ作成や機能の追加をする

テーマとは

テーマとは、Webサイトのレイアウト・デザイン・機能といった全体の骨組みとなるテンプレートです。WordPressにはたくさんのテーマが用意されています。自分で一からレイアウトやデザインを作らなくても、用意されているテーマを使えば、決められた型に合わせてテーマカラーを設定したり、画像やテキストを当て込むだけでWebサイトを完成させることができます。例えるなら、自分でレイアウトやデザインを一から考え、コードを記述して形にしていくWebサイトは「完全オリジナルのフルオーダー」、それに対してWordPressのテーマを活用して作るWebサイトは「決められた範囲でカスタマイズできるセミオーダー」です。

> **point** WordPressテーマを活用すれば、初心者でも簡単にWebサイトが作れる
>
> テーマを活用することで、自分で一から作る必要がないため、初心者でも簡単にWebサイトを形にすることができます。その反面、カスタマイズできる範囲に制限が出てくる場合もあるので、テーマの特徴を理解して、上手に活用しましょう。

● テーマを使ったWebサイト

テーマは無料で使えるの？

　テーマには、無料のものと有料のものがあります。無料テーマは気軽に試しやすく、有料テーマはデザイン性や機能性に優れているものが多くあります。有料テーマの購入費は10,000円〜 20,000円が相場です。WordPressのテーマは実際に使って試してみることでどのようなものか理解できるので、まずは無料テーマを2つ〜 3つ程度使って操作してみることがおすすめです。そして「こんな機能があるテーマがあったらいいな」「こういうデザインのテーマを使いたいな」という具体的なイメージが湧いてきたら、よりデザイン性や機能性が高い有料テーマの購入を検討してみましょう。

● 無料テーマと有料テーマの特徴

	メリット	デメリット	こんな人におすすめ
無料	無料で使えるので気軽に試せる	機能が比較的少ない	まずはお試しで使いたいコストを抑えたい
有料	デザイン性や機能性が高いものが多い	購入費がかかる（目安：10,000円〜 20,000円）	効率よくクオリティの高いものを形にしたい

テーマはどうやって選んだらいいの？

　テーマはWebサイトの骨組みなので、作りたいWebサイトの目的に合わせてテーマを選ぶことが大切です。テーマの型には、主にブログ型とホームページ型の2種類があります。ブログ型は記事が見やすいように配置されたレイアウトになっているのに対して、ホームページ型は主要なコンテンツが整理され配置された一般的なWebサイトのようなレイアウトになっています。まずは、あなたが

99

「どんなWebサイトを作りたいか？」を考えてから、その目的に合ったレイアウトのテーマを選びましょう。

● テーマを選ぶときのポイント

テーマを使うメリット・デメリット

テーマを使うメリットは、すでに用意された型に画像やテキストを当て込んでいくだけでWebサイトが完成することです。デザインやコーディングの知識がない初心者でも効率よく簡単にWebサイトを作ることができます。その反面、デザインやレイアウトがある程度決まっているので、自分が形にしたいデザインを思い通りに実現できない部分が出てくることがあります。これがテーマを使うデメリットになりますが、形にしたいWebサイトに近い型のテーマを選ぶことで、デメリットをある程度は補うことができます。テーマを使うメリットとデメリットを踏まえて上手に活用しましょう。

● テーマを使うメリットとデメリット

メリット	デメリット
すでに用意された型に画像やテキストを当て込むだけなので、初心者でも効率よく簡単にWebサイトを形にできる	デザインやレイアウトはテーマに依存する場合があるので、自分が形にしたいデザインを再現できない可能性がある

memo

テーマを使う場合でも、HTMLやCSSの知識を身に付けると管理画面の編集メニューではカスタマイズできない部分も編集できるようになるので、カスタマイズできる幅が広がります。本書でWordPressテーマを使ったWebサイト制作を習得した後に、「もっと自由にカスタマイズできるようになりたい！」と思ったら、HTMLやCSSなどの言語の習得にチャレンジするのもいいでしょう。

同じテーマでもWebサイトの印象は変えられる

　配布されているテーマを使う場合、「同じテーマを使うと同じようなWebサイトになってしまい、オリジナリティが出ないのでは？」と思うかもしれませんが、同じテーマを使用する場合でも配色（色の組み合わせ）・フォント（文字の形）・画像（写真やイラストなどの素材）の3つの要素を工夫することでWebサイトの印象を大きく変えることができます。Webサイトを見てほしいユーザーが好む雰囲気やこちらが伝えたいイメージに合わせて、Webサイトで使う配色・フォント・画像の方向性を決めましょう。この3つの要素に統一感を持たせることで、Webサイト全体のデザインにまとまりが出て、洗練された印象になります。

point　Webサイトの印象を決める3つの要素

● 同じテーマでも、3つの要素で印象を変えられる！

02 テーマを設定しよう

カフェの情報やメニューなどを掲載するWebサイトを作りたいので、ホームページ型のテーマにしようと思います！ テーマはどうやって設定すればいいんですか？

テーマの設定方法は2通りあるよ。2つのテーマの設定方法について理解し、実際にテーマを設定してみよう！

WordPressのテーマを設定しましょう。本書オリジナルテーマを利用してテーマの設定方法を解説していきます。本書の配布素材のダウンロードについてはP.7で確認しましょう。

テーマを設定する方法

テーマの設定方法には、以下の2通りがあります。

❶ ダッシュボードの[**外観**]>[**テーマ**]からテーマを検索してインストールする方法
❷ テーマファイルをWordPressにアップロードする方法

❶の方法は、ダッシュボードの[**外観**]>[**テーマ**]からテーマを検索し、好きなテーマを選んでインストールして設定します。

また、❷の方法では、WordPressテーマ配布サイトなどからダウンロードしたテーマファイルを、ダッシュボードからアップロードすることで、WordPressにテーマを追加します。

● テーマを設定する方法 ①

❶ ダッシュボードからインストール

ダッシュボードの[外観]>[テーマ]からインストール

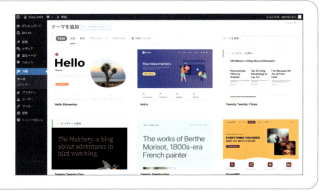

●テーマを設定する方法 ②

❷ **テーマファイルをアップロード**
配布サイトなどからパソコンにダウンロードしたテーマファイルをWordPressにアップロード

今回は本書オリジナルテーマを❷の方法で設定します。ダウンロード素材のテーマファイルをWordPressにアップロードしましょう。

テーマを設定しよう

現在、初期設定のテーマになっているものを、本書オリジナルテーマに変更する設定を行います。事前にP.7を参照して、テーマファイル「introductory_theme_ver2.zip」をダウンロードしておきましょう。テーマの設定はナビゲーションメニューの[**外観**]>[**テーマ**]から設定します。

1 [**外観**]>[**テーマ**]をクリックする

「テーマ」は、インストール済みのテーマが表示される
現在は4つのテーマがインストール済みになっている

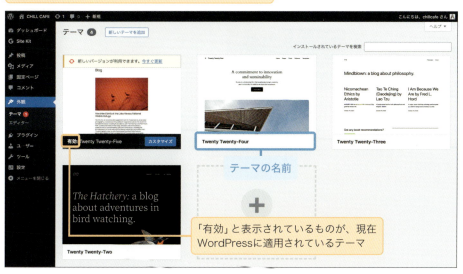

テーマの名前

「有効」と表示されているものが、現在WordPressに適用されているテーマ

103

> **point** テーマの反映には「有効化」を行おう
>
> テーマはインストールしただけでは反映されません。インストールしたテーマを「有効化」することでテーマが反映されることを覚えておきましょう。

2 [新しいテーマを追加]をクリックする

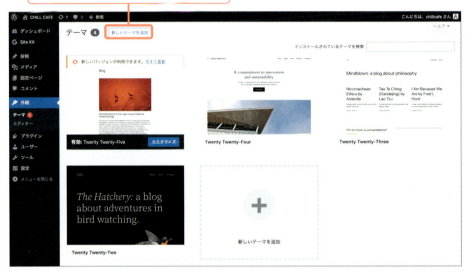

フィルターやキーワード入力でテーマを検索することができ、検索結果は下部に表示される

「テーマを追加」からさまざまな種類のテーマをインストールすることができるWordPressが公式で認定したテーマの一覧が表示されている

3 [テーマのアップロード]をクリックする

4 [ファイル選択]をクリックする

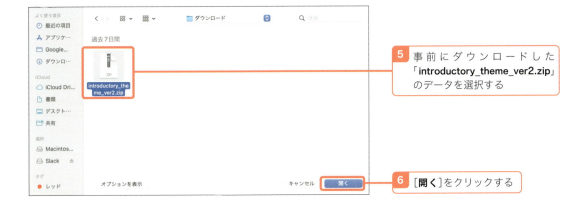

5 事前にダウンロードした「introductory_theme_ver2.zip」のデータを選択する

6 [開く]をクリックする

> 注意
>
> テーマファイルは必ずZIP形式でアップロードします。ダウンロード時に、ZIP形式のテーマファイルを開いてZIP形式でなくなってしまった場合は、再度フォルダを圧縮してZIP形式に戻しましょう。

選択したファイル名が表示される

7 [今すぐインストール]をクリックする

テーマのインストールが完了

8 [有効化]をクリックする

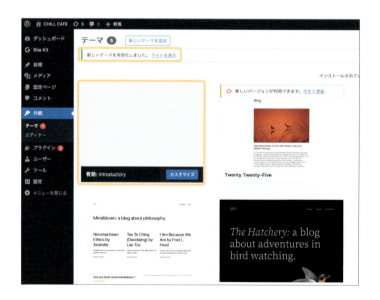

これでテーマが有効化された

9 [サイトを表示]をクリックする

point 覚えておきたい操作

Ctrl + 🖱 別タブで開く

Mac の場合： Command + 🖱

初期設定のテーマから、本書オリジナルテーマに変更が完了しました。

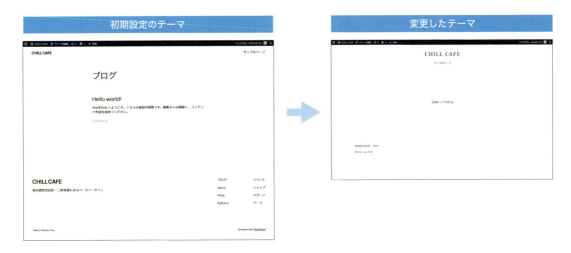

こんなに簡単にテーマを変更できるんですね！ 検索できるテーマもたくさんの種類があって、さまざまなデザインのWebサイトが作れそうですね！

そうだね。有効化した本書オリジナルテーマは、初期設定では画像などはまだ何も入っていない状態だよ。これから画像やレイアウトを設定して、見た目を整えていこう！

テーマをダッシュボードからインストールする方法

　ダッシュボードからテーマをインストールするには、「テーマを追加」から好きなテーマを選んでインストールします。さまざまなテーマを検索できるので、どのようなテーマがあるのかチェックしてみましょう。

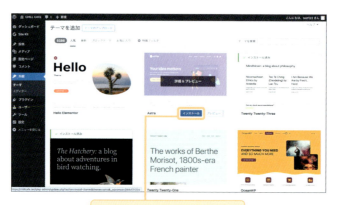

インストールしたいテーマの[**インストール**]をクリック

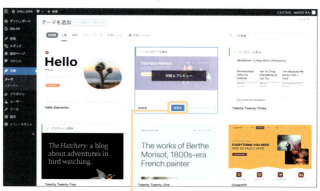

[**有効化**]をクリック

Chapter 5 » 03 テーマエディターの操作画面を確認しよう

テーマを決定したら、フルサイトエディター機能でページのカスタマイズをしていこう！まずはエディターの操作画面を確認するよ。

いよいよページのカスタマイズですね！どのように作成を進めていくのか楽しみです！

フルサイトエディターとは

フルサイトエディター（フルサイト編集）とは、ヘッダーやフッター、ナビゲーションメニューなど、Webサイト全体のカスタマイズをブロックエディターで設定できる機能です。

> **point　ブロックエディターとは**
>
> ブロックエディターとは、テキストや画像など、それぞれのコンテンツ要素を1つの「ブロック」として管理し、ブロックを組み合わせることで簡単にWebページの編集ができる機能です。

● フルサイトエディターの画面

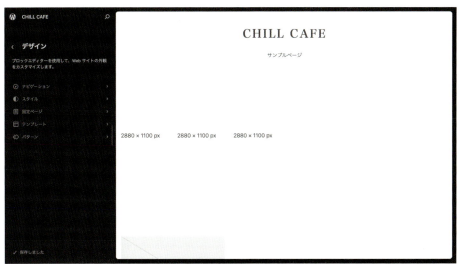

カスタマイズ画面を開こう

ダッシュボードのナビゲーションメニュー[**外観**]>[**エディター**]から、エディターの操作画面を開きます。

1 [**外観**]>[**エディター**]をクリックする

① エディターナビゲーション　② プレビュー画面

❶ エディターナビゲーション

それぞれのメニュー項目からカスタマイズの設定ができます。

❷ プレビュー画面

ナビゲーションから選択した項目を、プレビュー表示しています。選択すると編集画面に移動します。

04 作成するトップページを確認しよう

Start Creating Your Website

フルサイトエディターでトップページを作っていくよ。まずはトップページの大まかな構造を確認しよう！

トップページはよく耳にしますが、実際どのようなページなのか知りたいです！

トップページとは

トップページはWebサイトの顔となるページであり、ユーザーがこのWebサイトを見るかどうか判断する重要な役割を果たします。トップページは、①このWebサイトがどんな内容なのかを簡潔に伝えることと、②他のページへの導線を作り、行動を促すことが大切です。トップページの構成として、この1ページでWebサイトで伝えたいことの全体像が理解できるように、Webサイトのコンセプトやそれぞれの下層ページの要約や導線をまとめて掲載するように考えてみましょう。

トップページを作る流れを確認しよう

これから作成するトップページの構成を確認しましょう。大きな構成要素としては、❶ヘッダー ❷スライドショー ❸ページコンテンツ ❹フッターの4つの構成となります。

ヘッダーとフッターの表示は全ページ共通になります。

● 5章で完成するトップページ

❶ ヘッダー
❷ スライドショー
❸ ページコンテンツ
❹ フッター

Chapter 5

05 ロゴを設定しよう

ロゴはお店やブランドを印象付ける役割を果たすよ。Webサイトにロゴ画像を設定することで、Webサイトの印象付けや企業のブランドイメージの認知に繋がるよ。

ロゴの役割とは

　ロゴは、ユーザーに「あのお店だ！」と想起させることができるシンボルとして重要な役割を果たします。Webサイトの中では、ヘッダーなどの目立つ部分に配置することが一般的です。ロゴの役割を理解して、効果的に配置しましょう。

● ロゴはお店やブランドの象徴

ロゴを設定しよう

1 サイト編集画面を開こう

　エディターナビゲーションの[**スタイル**]をクリックをすると、サイト編集画面が開きます。

1 [**スタイル**]をクリックする

作業エリア　　　　　　　　　　　　　詳細設定パネル

ロゴはHeaderエリアに設置できる
初期設定では、設定したサイトタイトル（CHILL CAFE）がテキスト情報で反映されている

2 ロゴを設定しよう

　サイトタイトル（CHILL CAFE）部分を、ロゴ画像に変更しましょう。編集したい部分をクリックすることで編集操作ができます。

1 ［**サイトタイトル**］（CHILL CAFE）をクリックする

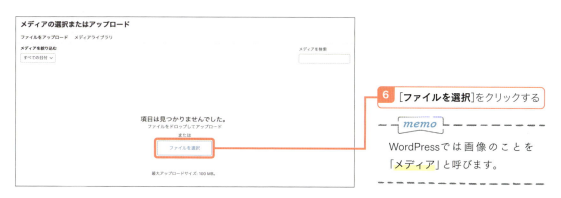

memo

マージンとは、要素の外側に設定される余白です。

14 上下のマージンサイズを[3]（小）に設定する

15 [保存]をクリックする

16 「保存しますか？」と確認が表示されるので、もう1度[保存]をクリックする

画面の左下に「サイトを更新しました」と表示されたら保存完了

Webサイトを再読み込み（リロード）して、ロゴ画像の反映を確認しましょう。

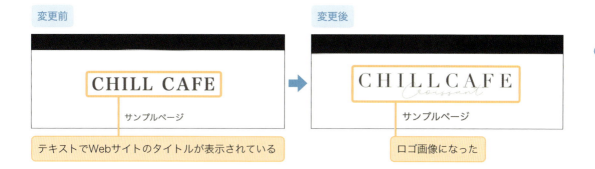

3 タブレット・スマホ表示のプレビューを確認しよう

作成したWebページを、ツールバーの右上にある[**表示**]から各デバイスのプレビュー表示で確認しましょう。

1 ツールバーの[**表示**]から各デバイスのプレビューを確認できる

タブレット表示

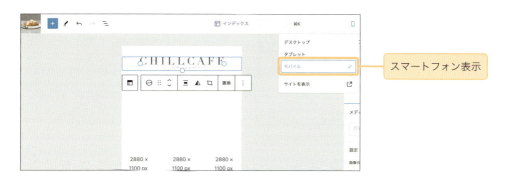

スマートフォン表示

06 スライダーの画像を設定しよう

> トップページを表示したときに最初に目に入る部分に配置されたスライダー画像は、「Webサイトの顔」となる要素だよ。Webサイトの内容やイメージが伝わる写真を設定しよう！

メインビジュアルの役割とは

　ユーザーがトップページにアクセスしたときに最初に表示される画面領域を「ファーストビュー」といいます。

　そして、ファーストビューに表示される大きな画像のことを「メインビジュアル」と呼び、Webサイトの印象を決める大切な要素となります。メインビジュアルには、このWebサイトで伝えたい情報や雰囲気が視覚的に伝わる画像を設定しましょう。

　本書オリジナルテーマのメインビジュアルには、一定の時間で画像表示が切り替わるスライダー機能を搭載しています。スライダー機能で3枚の画像の表示設定をしましょう。

● サンプルサイトのスライダーの画像

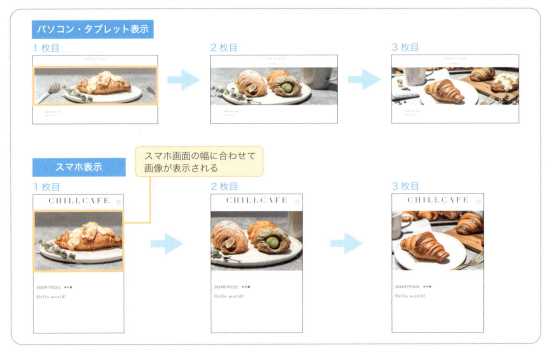

スライダーの画像を設定しよう

それではスライダーの画像を設定しましょう。初期設定で配置されている3つのブロックにそれぞれ画像を設定することで、自動でスライダー表示されます。

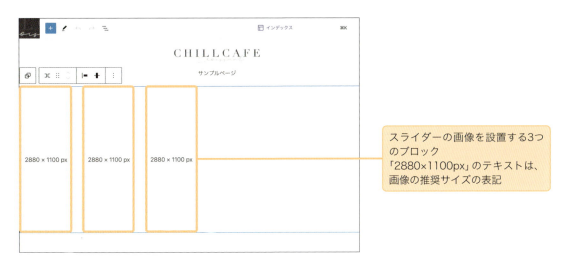

スライダーの画像を設置する3つのブロック
「2880×1100px」のテキストは、画像の推奨サイズの表記

1 画像を設定しよう

それではスライダーの画像を設定していきましょう。スライダーに表示したい画像を1枚ずつ設定します。

1 左の1枚目のブロックを選択する

2 [**メディアを追加**]>[**アップロード**]をクリックする

3 ダウンロード素材の[mv1.jpg]を選択する

4 [開く]をクリックする

画像が設定された

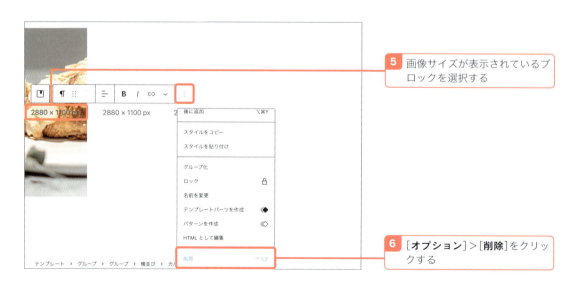

5 画像サイズが表示されているブロックを選択する

6 [オプション]>[削除]をクリックする

122

テキスト情報が削除された

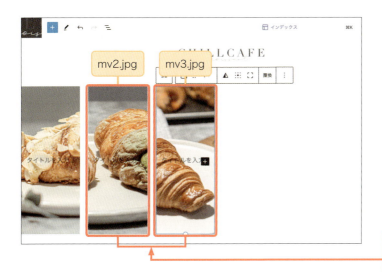

mv2.jpg　mv3.jpg

7 P.121〜P.122の手順①〜⑥を参考に2枚目(中央)と3枚目(右)のブロックに画像を設定する

8 [**保存**]をクリックする

「サイトを更新しました。」と表示される

設定の保存ができたら、Webサイトを再読み込み（リロード）して、スライダー表示を確認しましょう。

パソコン・タブレット表示

スマホ表示

スマートフォン表示では、写真の中央を基準に、スマートフォンの画面幅に合わせたサイズにトリミングして表示される仕様になっているよ。

Chapter 5

07 コンテンツ部分を作ろう

続いて、トップページの中身（コンテンツ部分）を作っていこう！ ブロックエディターを活用して、さまざまなレイアウトを作るよ。

トップページは下層ページの内容をまとめたような構成になっていますね。どうやって作っていくのか楽しみです！

:: トップページの構成を確認しよう

　これから作成するコンテンツ部分の構成を確認しましょう。カフェメニューやネットショップなどの各下層ページの概要と導線を、ブロックエディターで作成します。
　利用するブロックは下図の通りです。

● トップページのコンテンツ

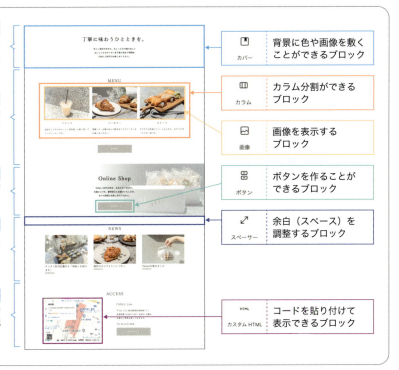

125

ブロックエディター機能の操作方法を確認しよう

　ブロック機能は、操作画面の上部ツールバーの左側にある[**ブロック挿入ツール**]から一覧で確認できます。

　ブロックを追加するには、[**ブロック挿入ツール**]から選択するか、作業エリアの[**ブロック追加**]から選択します。

ブロック挿入ツール

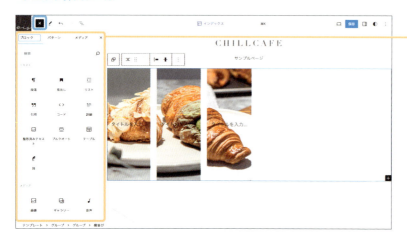

[**ブロック挿入ツール**]をクリックするとブロックメニューが表示される

作業エリアの[**ブロック追加**]をクリックすると、最近使ったブロックメニュー6つが表示される 検索ボックスでブロックの検索もできる

[**すべて表示**]をクリックすると、作業エリアの左側にブロックメニューが表示される

126

Chapter 5
08 背景色を設定しよう

部分的に背景色を設定したい場合は、「カバーブロック」を利用することで簡単に設定ができるよ！

コンセプト部分をカバーブロックで作成しよう

コンセプト部分では、Webサイトのメイン情報となるお店や商品について、わかりやすく、印象に残るような言葉で伝えましょう。どんなことを提供してくれるお店なのか伝えることで、共感や興味付けに繋がります。サンプルサイトのコンセプト部分は、カバーブロックを利用して、横幅いっぱいに背景色を敷いて、その上にテキストを入力します。

● コンセプト部分の完成イメージ

カバーブロックの設定をしよう

カバーブロックを追加、背景色の設定、テキストの入力をしていきます。

1 スライダーの下に新しいブロックを追加しよう

新しいブロックは、Enterを押すことで選択しているブロックの下に追加できます。

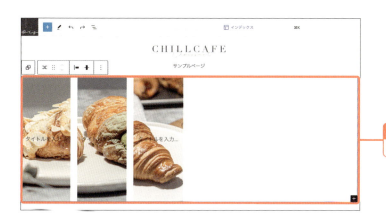

1 スライダーのブロックを選択し、Enterを押す

スライダーのブロックの下に新しいブロックが追加される

2 カバーブロックを追加し、背景色を設定しよう

　スライダーを設定したブロックの下に、[**ブロック挿入ツール**]>[**カバー**]をクリックすると、カバーブロックが挿入されます。

1 [**ブロック挿入ツール**]をクリックする

2 [**カバー**]をクリックする

カバーブロックが追加された

3 [**ベース1（グレー）**]をクリックする

> **point** テーマカラーを活用しよう
>
> 本書オリジナルテーマには、グレージュをベースとしたテーマカラーのパレットが設定されています。テーマカラーを活用することでサイト全体が統一された配色に設定できます。

背景色が設定された

3 カバーブロックの背景の高さを設定しよう

　ブロックの細かい設定は、画面右側の設定パネルのメニューから設定できます。設定パネルが表示されていない場合は、上部バーの[□]マーク（設定）をクリックすると表示されます。
背景の高さを「300px」に設定しましょう。

設定パネルが表示されていない場合は、[**設定**]（□）をクリックする

1 [**ブロック**]タブの[**スタイル**]をクリックする

設定パネル

129

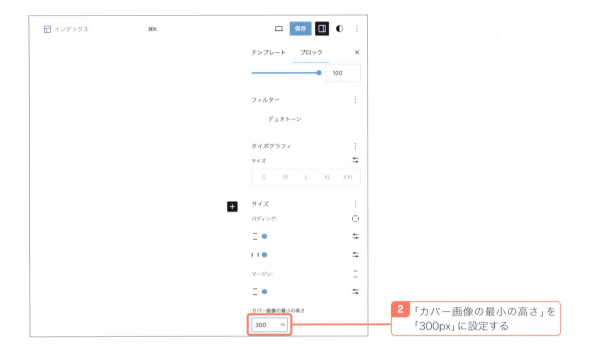

2 「カバー画像の最小の高さ」を「300px」に設定する

4 テキストを入力しよう

続いて、カバーブロックの上に、コンセプトの見出しと本文をテキスト入力します。

1 「タイトルを入力…」と表示されているブロックを選択する

2 テキストを入力する

3 [段落]をクリックする

4 [見出し]をクリックし、見出しブロックに変更する

見出しブロックに変更できた

5 Enter を押して、見出しブロックの下に新しい段落ブロックを作る

point 覚えておきたい操作

Enter 段落を作る

6 テキストを入力する

point 覚えておきたい操作

Shift ＋ Enter 改行

point 「改行」と「段落」の操作に注意しよう！

同じ段落（ブロック）内で改行をしたい場合は、Shift＋Enterを押します。次の段落（ブロック）を作りたい場合はEnterを押します。改行と段落の操作キーは混同しやすいので注意しましょう。

7 [**テキストの配置**]をクリックし、[**テキスト中央寄せ**]をクリックする

コンセプト部分が完成した

5 スペースを追加しよう

　コンテンツとコンテンツの間に余白を入れることで見やすくなります。スペースを入れることができるスペーサーブロックを追加しましょう。

1 [**ブロック挿入ツール**]をクリックする

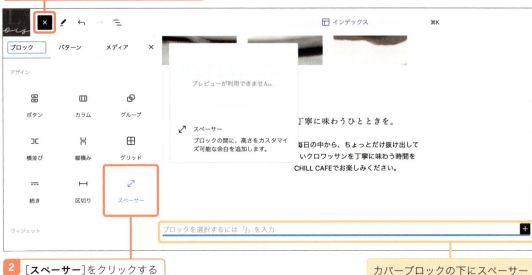

2 [**スペーサー**]をクリックする

カバーブロックの下にスペーサーブロックを追加します

3 [**設定**]をクリックして設定パネルを開く

60pxの高さのスペースのブロックができた

4 [**設定**]にある「高さ」を「60px」に設定する

Chapter 5

09 横並びコンテンツを作ろう

横並びのコンテンツを作成するときは、カラムブロックを使おう！

カラムブロックで横並びコンテンツを作成しよう

MENU部分は、横並び3つのブロックをカラムブロックを使って作成します。横並びのコンテンツを入れることで、並列された情報が見やすくなり、レイアウトにメリハリが出ます。

● MENU部分の完成イメージ

3つの横並びのコンテンツはカラムブロックで作ろう！

MENU部分を作成しよう

MENU部分は、見出し、横並びコンテンツ、スペースの追加、ボタンの設置をしていきます。

1 MENUのコンテンツ幅を設定しよう

先ほど作成したスペーサーブロックの下に、MENUの見出しを追加し、グループブロックを活用してコンテンツ幅を設定しましょう。

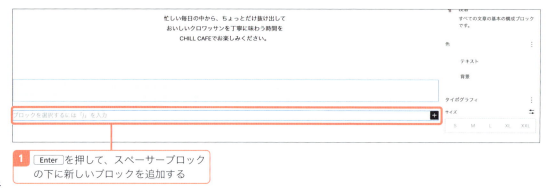

1 Enter を押して、スペーサーブロックの下に新しいブロックを追加する

134

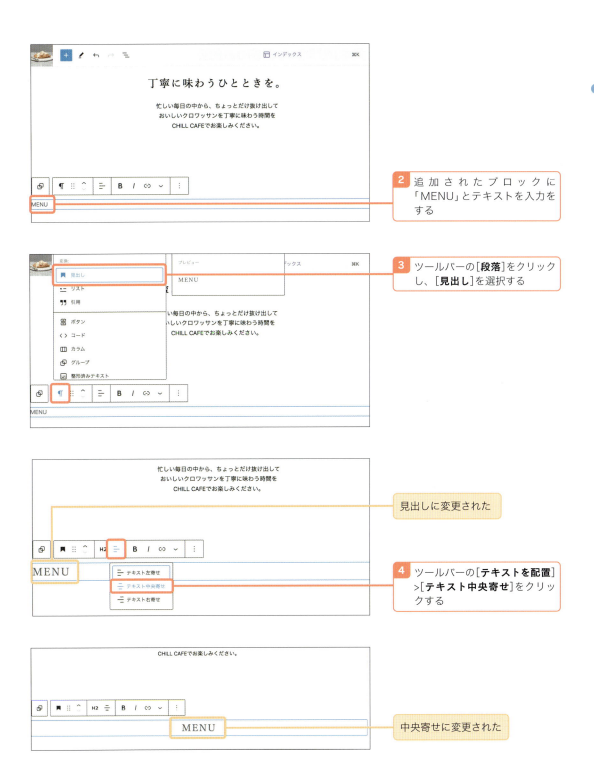

横幅を90%に設定することで左右に余白を持たせることができる

point　コンテンツ幅とは

コンテンツ幅とは、Webサイトのコンテンツを表示する幅のことです。
モニターの画面幅いっぱいにコンテンツを表示すると、横に間延びして余白やレイアウトのバランスが悪くなる可能性があります。
ページを閲覧するユーザーの視認性や読みやすさを意識し、グループブロックを活用してコンテンツ幅を適切に設定しましょう。

● コンテンツ幅

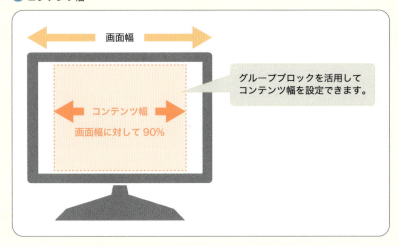

グループブロックを活用してコンテンツ幅を設定できます。

2　横並びコンテンツを作ろう

カラムブロックを使って、3つの横並びコンテンツを作りましょう。

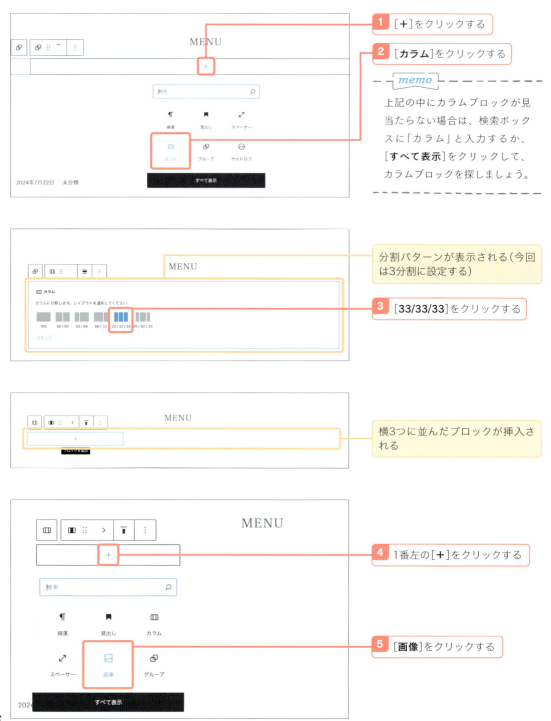

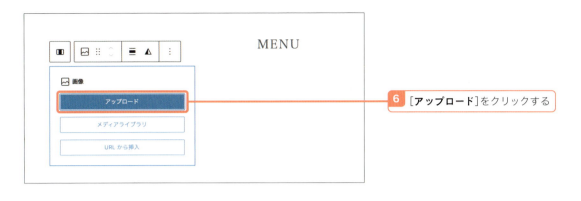

6 [**アップロード**]をクリックする

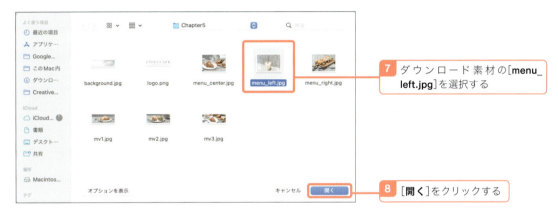

7 ダウンロード素材の[**menu_left.jpg**]を選択する

8 [**開く**]をクリックする

画像が表示された

9 画像の下に、Enter で新しいブロックを作る

10 「ドリンク」とテキストを入力する

11 見出しブロックに変更する

12 ［レベルを変更］から［H3］をクリックする

> **point** 見出しとは
>
> 見出しとは、情報の重要度を位置付けるためのものです。「H」は「heading」を意味し、数字が小さいほど、情報の重要度が高くなります。

13 ［テキスト中央寄せ］に変更する

14 見出しの下に、Enter で新しいブロックを作る

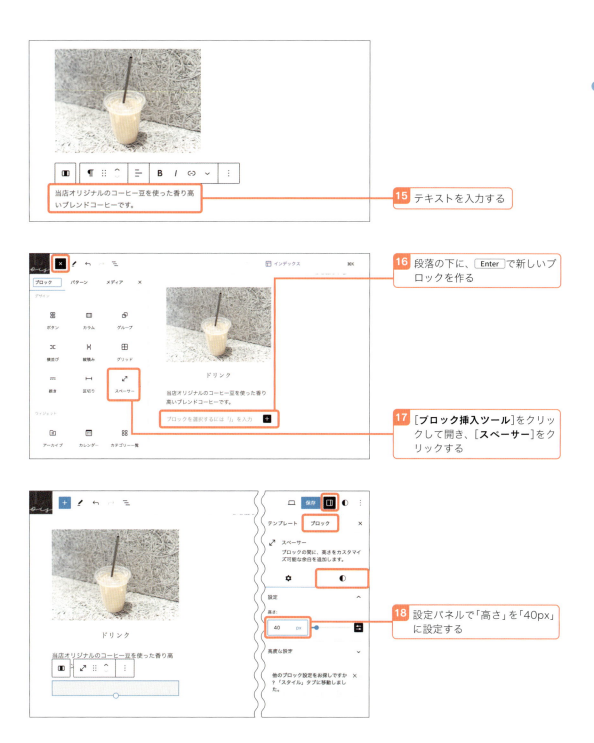

3 ブロックを複製して、残りのメニュー部分を完成させよう

同じ要素が並んだものを作るときは、複製をして、画像やテキストを部分的に差し替えると効率よく作ることができます。

1番左のブロックを複製して、中央と右のブロックを作成しましょう。

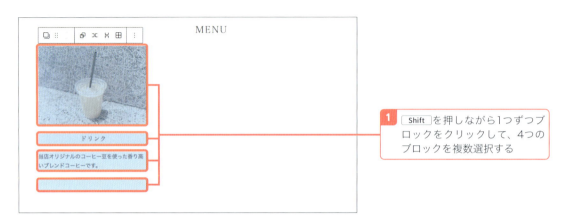

1 [Shift]を押しながら1つずつブロックをクリックして、4つのブロックを複数選択する

2 [オプション]を選択する

3 [コピー]をクリックする

4 [＋]をクリックする

5 [段落]をクリックする

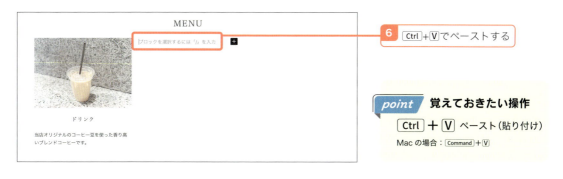

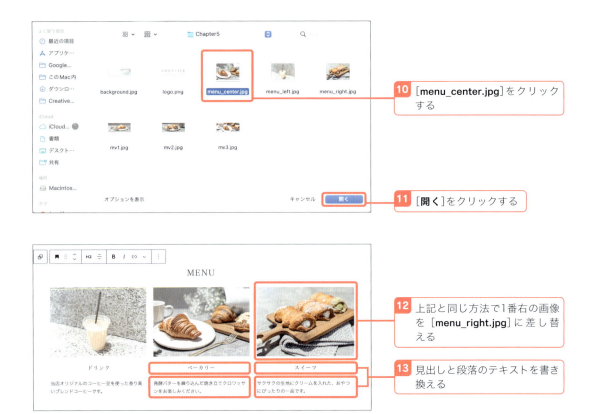

10 [menu_center.jpg]をクリックする

11 [開く]をクリックする

12 上記と同じ方法で1番右の画像を[menu_right.jpg]に差し替える

13 見出しと段落のテキストを書き換える

4 ボタンを作ろう

続いて、カラムブロックの下にメニューページに飛べるボタンを作ります。[**ブロック挿入ツール**]の中からボタンブロックを追加して、テキストを入力し、中央揃えにしましょう。

1 [**ブロック挿入ツール**]をクリックして開き、[**ボタン**]をクリックする

カラムブロックの下にボタンブロックを追加する

2 「MORE」とテキストを入力する

3 配置を[**中央揃え**]にする

4 設定パネルの[**ブロック**]タブの[**スタイル**]をクリックする

5 「色」から[**背景**]を選択する

6 「テーマ」の[**グレージュ（メイン）**]を選択する

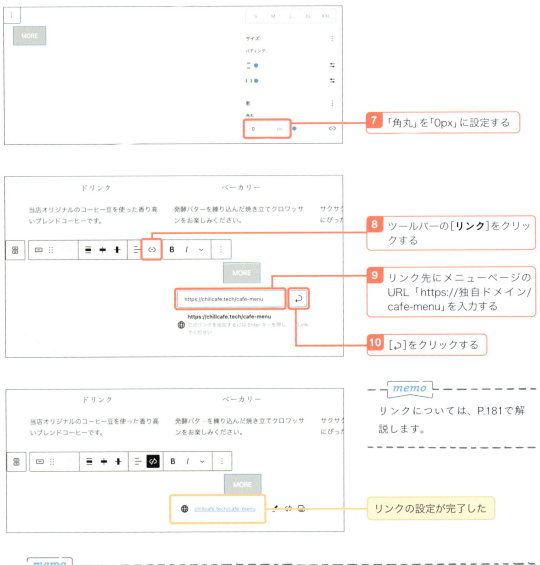

7 「角丸」を「0px」に設定する

8 ツールバーの[リンク]をクリックする

9 リンク先にメニューページのURL「https://独自ドメイン/cafe-menu」を入力する

10 [↵]をクリックする

> memo
> リンクについては、P.181で解説します。

リンクの設定が完了した

> memo
> 現段階では、リンク先のページ「https//独自ドメイン/cafe-menu」（カフェメニューページ）は存在していません。先にボタンのリンクを設定しておいて、後ほど「https://独自ドメイン/cafe-menu」のページを作成します。

5 スペースを追加しよう

最後にボタンの下にスペースを追加しましょう。[**ブロック挿入ツール**]からスペーサーブロックを追加し、設定パネルから高さを「80px」に設定します。

1 スペーサーブロックを追加し、「高さ」を「80px」に設定する

6 保存してページの反映を確認してみよう

ここまで作成した内容を保存して、ページの反映を確認しましょう。

1 [**保存**]をクリックする

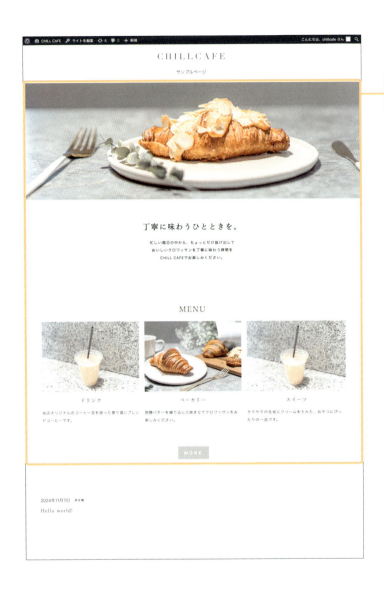

スライダーからメニュー部分までが完成しました

ブロックエディターを使うとさまざまなレイアウトが作れるのですね！ テキストだけのページよりも、一気にWebサイトらしくなりますね。

背景に色を敷いたり、画像を並べたりすることで、デザイン性がグッと増すよ！ 次は、カバーブロックで背景に画像を敷いてみよう。

Chapter 5 » 10 背景に画像を設定しよう

カバーブロックを使って、背景に画像を敷いたOnline Shop部分を作っていこう！ トップページにネットショップページへの導線を作ることで、Webサイトにネットショップがあることを伝えよう。

カバーブロックで背景画像を設定しよう

　Online Shopの部分は、カバーブロックを使って背景に画像を敷いたデザインにします。前後のコンテンツで画像が並んでいるので、同じようにただ画像を並べるだけではデザインが単調になりがちです。

　同じような配置で単調にならないように、画像を背景に敷くレイアウトにして、デザインに抑揚をつけましょう。このような小さな工夫がWebサイトのデザイン性を高めてくれます。

● 背景画像を設定したデザイン

Online Shop部分を作成しよう

Online Shop部分はカバーブロックで背景画像を敷き、その上にテキストやボタンを設置します。

149

1 カバーブロックを追加し、背景画像の設定をしよう

スペースの下に新しい段落を作り、カバーブロックを追加し、背景画像を設定しましょう。

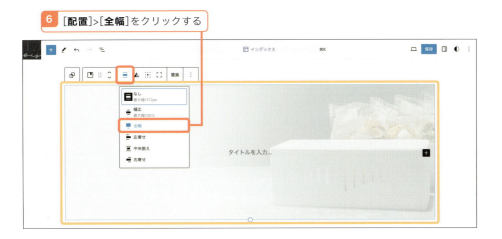

6 [配置]>[全幅]をクリックする

オーバーレイで重ねられていたグレーの色が透明になる

7 設定パネルを開き、[**ブロック**]タブの[**スタイル**]から「オーバーレイの不透明度」を「0」に設定する

2 テキストを入力しよう

背景画像の設定が完了したら、上に乗せるコンテンツを作っていきます。見出しと本文を入力しましょう。

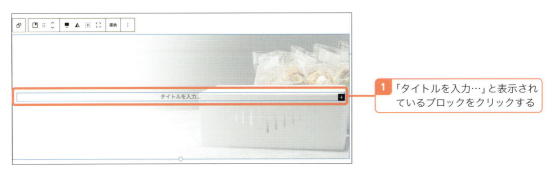

1 「タイトルを入力…」と表示されているブロックをクリックする

151

3 スペースを追加しよう

続いて、余白を追加しましょう。スペーサーブロックを追加し、高さを「20px」に設定します。

4 ボタンを作成しよう

スペースの下には、オンラインショップページに移動するためのボタンを作成します。

1 [**ブロック挿入ツール**]をクリックして開く

2 [**ボタン**]をクリックする

3 「MORE」とテキストを入力し、配置を[**中央揃え**]にする

4 設定パネルを開き、[**ブロック**]タブの[**スタイル**]にある「色」から[**背景**]を選択し、テーマの[**グレージュ（メイン）**]を選択する

5 「角丸」の数値を「0px」に設定する

6 ツールバーの[リンク]をクリックする

7 リンク先にメニューページのURL「https://独自ドメイン/onlineshop」を入力する

8 入力したら[⏎]をクリックする

リンクの設定が完了した

---

memo

現段階では、移動先のページ「https//独自ドメイン/onlineshop」(ネットショップページ)は存在していません。先にボタンのリンクを設定しておいて、後ほど「https://独自ドメイン/ onlineshop」のページを作成します。

154

5 スペースを追加してデザインを整えよう

最後に、スペースを追加してバランスを整えます。P.133を参考に、スペーサーブロックを追加します。さらに、スペーサーブロックを複製し、見出し「Online Shop」の上に移動させましょう。

1 高さ40pxのスペーサーブロックを追加する

2 [オプション]>[複製]をクリックする

スペースが複製された

3 [^]をクリックして「Onilne Shop」の上までスペーサーブロックを移動する

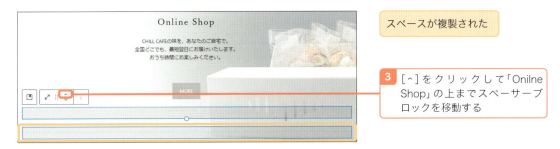

見出し「Online Shop」の上の位置まで移動した

4 カバーブロックの下に、高さ40pxのスペーサーブロックを追加する

「Online Shop」部分が完成した

Chapter 5

11 Googleマップを挿入しよう

カフェのアクセス情報をわかりやすく伝えるためにGoogleマップを挿入しよう！ 地図が表示されていることで、ユーザーは場所を認識しやすくなるので、店舗がある場合はGoogleマップを設置するのがおすすめだよ！

Googleマップを表示させよう

　ユーザーに足を運んでほしい店舗がある場合は、アクセス情報に住所を指定した地図を掲載することで、ユーザーが場所を認識しやすくなり、来店促進の効果が期待できます。

　Googleマップを利用すれば、指定の住所の地図を簡単にWebサイトに表示することができます。また、Googleマップを設置することで、ユーザーが実際に足を運ぶときに経路案内機能なども利用できるのでおすすめです。

● Webサイトに表示されるGoogleマップ

ACCESS部分を作成しよう

　ACCESS部分は、カラムブロックを利用して、地図と店舗情報を2カラムで横並びに表示させます。表示させる地図は、Googleマップのサイトで住所を指定して、HTMLコードを取得します。

1 GoogleマップからHTMLコードを取得しよう

　まずはGoogleマップから地図のHTMLコードをコピーしましょう。Googleマップのサイト（https://www.google.co.jp/maps/?hl=ja）を開いて、表示したいマップの住所を検索し、地図のHTMLコードをコピーします。

1 住所を検索する
2 [**共有**]をクリックする

3 [**地図を埋め込む**]をクリックする

4 [**中**]をクリックして設定扉を開き、[**小**]をクリックする

表示するマップのプレビューとHTMLコードが表示される

5 [**HTMLをコピー**]をクリックする

2 ページにGoogleマップのHTMLコードを貼り付けよう

WordPressの編集画面に戻り、Googleマップでコピーしたコードをページに貼り付けましょう。グループブロックで横幅を設定し、ACCESS部分の見出しの下にカラムブロックを追加して2カラムに設定します。

左のブロックにカスタムHTMLブロックを追加して、コピーしたGoogleマップのHTMLコードをペーストしましょう。

1 ページネーションの下に新しいブロックを作成する

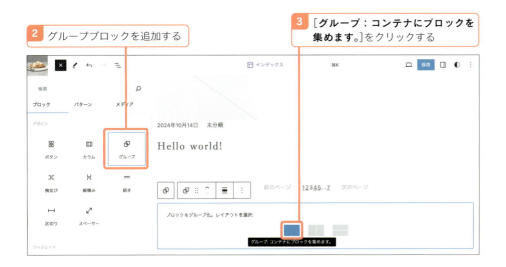

2 グループブロックを追加する

3 ［グループ：コンテナにブロックを集めます。］をクリックする

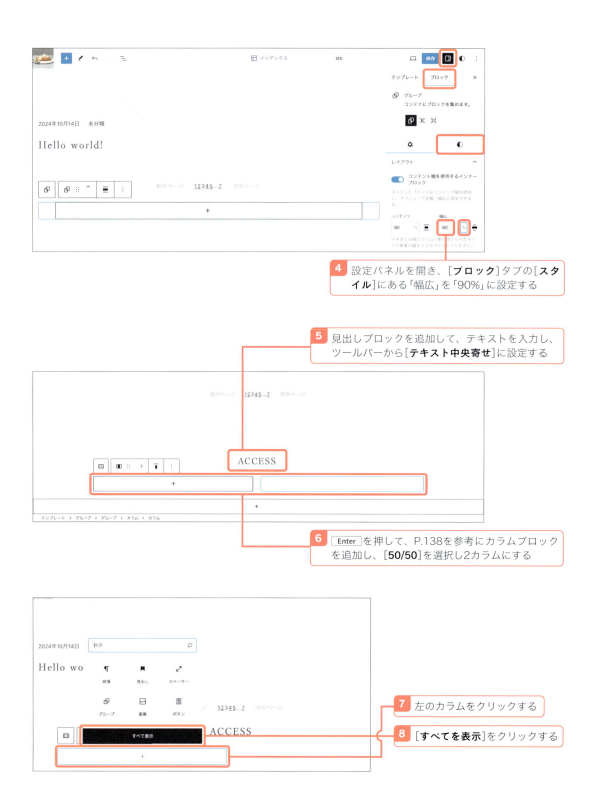

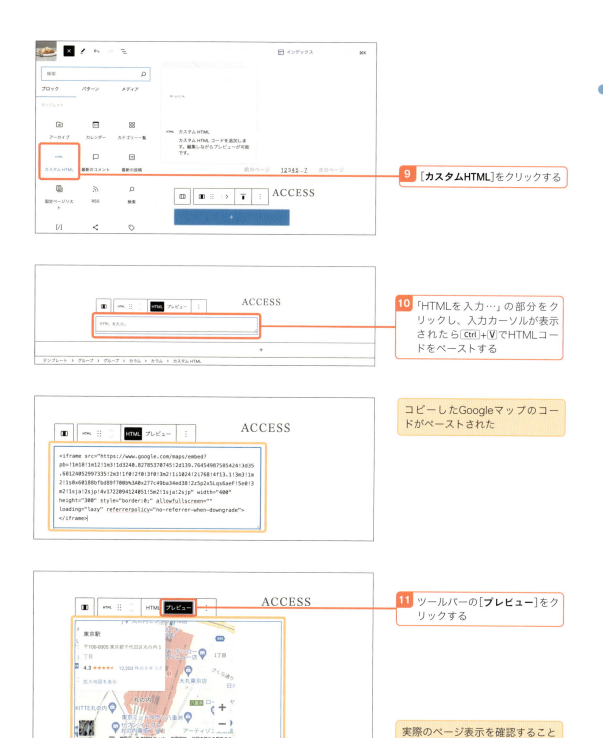

3 右ブロックを整えて、ページを公開しよう

次に、右側のブロックを整えて、ページの公開設定をします。マップだけでなく、テキスト情報も掲載しましょう。また、ユーザーがすぐにお問い合わせページに飛べるように、お問い合わせページへのリンクもボタンで設定します。

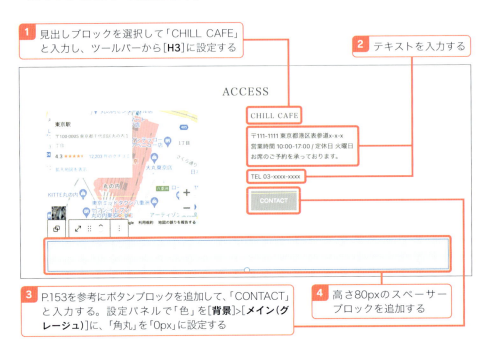

1 見出しブロックを選択して「CHILL CAFE」と入力し、ツールバーから[H3]に設定する

2 テキストを入力する

3 P.153を参考にボタンブロックを追加して、「CONTACT」と入力する。設定パネルで「色」を[背景]>[メイン(グレージュ)]に、「角丸」を「0px」に設定する

4 高さ80pxのスペーサーブロックを追加する

5 上部ツールバーの[保存]ボタンをクリックする

Webサイトを見ると、ここまで設定してきたブロックが表示されていることが確認できる

Chapter 5　Webサイト制作をはじめよう

163

12 テンプレートパーツを活用しよう

特定のブロックがセットになっている「テンプレートパーツ」を活用すれば、ヘッダーやフッターなどの、複数ページで共通して表示したい部分を効率よく編集できるよ！

テンプレートパーツとは

テンプレートパーツは、複数のページで共通して表示できるブロックのセットのようなものです。

登録したテンプレートパーツを編集すると、そのパーツを設置した箇所すべてに編集内容が反映されます。ヘッダーやフッターなど、複数ページで共通して表示したい部分は、テンプレートパーツを活用することで効率よく編集ができます。

● テンプレートパーツを活用するメリット

テンプレートパーツとパターンの違い

　テンプレートパーツは、エディターメニューの[**パターン**]から確認・編集ができます。テーマに用意されているパターンとテンプレートパーツがある場合は、ここで一覧を確認できます。

　パターンは、特定のブロックのセットをあらかじめ用意したもので、再利用できる仕組みです。テンプレートパーツとの違いは、編集がすべての箇所に反映されない点となります。パターンの場合、一箇所を編集しても、設置したすべてのページに編集は反映されません。

　複数のページで共通して表示したい部分はテンプレートパーツ、再利用したいブロックの組み合わせはパターンと、それぞれの特徴を踏まえて上手に活用しましょう。

エディターメニューの[**パターン**]からテンプレートパーツを確認できる

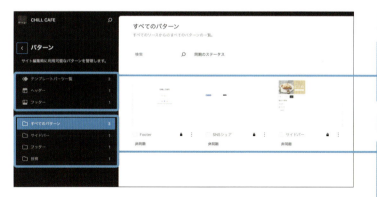

テンプレートパーツ

複数のページで共通して表示できるブロックのセット
（本書オリジナルテーマでは、ヘッダーとフッターを用意）

パターン

あらかじめ用意された、再利用可能なブロックのセット
（本書オリジナルテーマでは、サイドバー、フッター、SNSシェアを用意）

テンプレートパーツを活用してフッターを設定しよう

テンプレートパーツを活用して、フッターがすべてのページに共通して表示されるように設定しましょう。

1 テンプレートパーツにパターンを挿入しよう

ページの1番下に[Footer]のテンプレートパーツが組み込まれています。このテンプレートパーツに、あらかじめ用意されているフッターのパターンを挿入しましょう。

1 1番下に組み込まれている[Footer]のテンプレートパーツ部分を選択し、ブロック追加メニューの[**すべて表示**]をクリックする

2 [**パターン**]タブをクリックする

[Footer]のテンプレートパーツ部分が選択されていることを確認する

3 [**フッター**]をクリックする

4 右側に、あらかじめ用意されたフッターのパターンが複数表示されるので、1番上のパターンをクリックする

選択したパターンがテンプレートパーツに挿入された

2 サイトロゴの画像を設定しよう

ヘッダー同様、サイトのタイトルが表示されている部分を、サイトロゴ画像の表示に変更しましょう。

1 サイトのタイトルが表示されている部分を選択する

2 [♀]から[**サイトロゴ**]をクリックする

3 ロゴ画像の配置を[**中央揃え**]にする

4 設定パネルで「画像の幅」を「250」に設定する

3 変更内容を保存して表示を確認しよう

設定ができたら、変更内容を保存して、サイトの表示を確認しましょう。

1 [保存]をクリックする

フッターが反映された

WordPressの編集機能

WordPressテーマの編集機能は2種類あるんだ！
テーマを選ぶときには、どちらの編集機能に対応しているテーマなのかを確認しよう。

WordPressテーマの編集機能には以下2つの種類があります。

① フルサイトエディター（本書で解説している機能）
② テーマカスタマイザー

①フルサイトエディターの機能は、2022年2月からWordPress5.9バージョン以降で利用できるようになった機能です。Webサイト全体のカスタマイズをブロックエディターで編集することができ、自由度高く編集ができます。

②テーマカスタマイザーの機能は、テーマで設定されたカスタマイズ項目をベースに編集できる仕様です。

● フルサイトエディター対応のテーマ

フルサイトエディター対応のテーマの場合、「エディター」というメニューが表示される

ブロックエディターでサイト全体の編集ができる

● カスタマイザー対応のテーマ

カスタマイザー対応のテーマの場合、「カスタマイズ」というメニューが表示される

カスタマイズメニューが表示される

ブロックエディター対応のテーマを探す方法

フルサイトエディター対応のテーマのことを「ブロックテーマ」といいます。

新しいテーマを追加する際に、ブロックテーマに絞って検索することが可能です。

[外観]>[テーマ]>[新しいテーマを追加]から[ブロックテーマ]タブを選択することで、フルサイトエディター対応のテーマが表示されます。

ブロックテーマに絞って検索できる

お知らせページを作ろう
〜投稿の作り方〜

WordPressのページには「投稿」と「固定ページ」の2種類があります。それぞれの特徴と違いを理解しましょう。
Chapter6では、「投稿」と「固定ページ」の特徴や違いを解説したうえで、「投稿」を作成していきます。

Chapter 6 01 STEP 4：【コンテンツ作成】投稿と固定ページ

トップページの作成で、ブロックエディターの操作もだいぶ慣れてきました。他のページも作りたいです！

WordPressのページには「投稿」と「固定ページ」の2種類があるよ。次は「投稿」を作っていくけれど、その前にまずはそれぞれの特徴と違いを理解しよう。

引き続き、Webサイトのメインコンテンツとなる、Webページを作成していきます。「投稿」と「固定ページ」という2種類の特徴を理解し、Webページの内容に応じて使い分けができるようになりましょう。

「投稿」と「固定ページ」とは

「投稿」と「固定ページ」には、それぞれ特徴があり、使える機能も異なります。投稿は、作成したWebページがブログのように時系列に並び、関連があるものを分類（カテゴリー分け）することができます。一方、固定ページは、時系列やカテゴリーなど他のWebページとは関連性を持たない独立したページを作ることができます。また、「親ページ」と「子ページ」という階層を設定することができ、情報を階層化することも可能です。これらの2種類のページを作成できることがWordPressの大きな特徴の1つです。

● 投稿と固定ページ

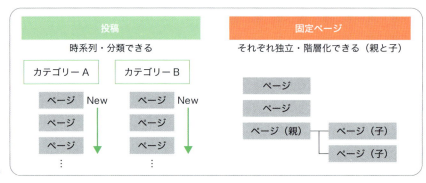

172

> **point** 投稿と固定ページの特徴を押さえよう
>
> 投稿と固定ページの特徴は表の通りです。これから本書のサンプルサイトで作成する各Webページの特徴を考えながら、使い分けに慣れていきましょう。

	投稿	固定ページ
特徴	時系列・分類できる	単一のページ・階層化できる
できること	・投稿一覧を表示できる ・カテゴリー分けができる	・トップページに設定できる ・ページに親子関係を設定できる
適した用途	頻繁に更新する情報を掲載する ・お知らせ ・ブログ ・コラム	頻繁に変わらない固定の情報や重要な情報を掲載する ・会社概要 ・サービス紹介 ・お問い合わせ

投稿と固定ページはどうやって使い分けるの？

「情報をどのように整理した形で見せたいか」を基準に使い分けましょう。リアルタイムで情報を更新したいものや、カテゴリーごとに一覧表示したいものは「投稿」、頻繁に変わらない固定の情報や、重要な情報は、「固定ページ」で作成するように使い分けるのがおすすめです。今回作成するサンプルサイトでは、下図のように投稿と固定ページを作成します。

● 本書で作成するサンプルサイトのWebページ

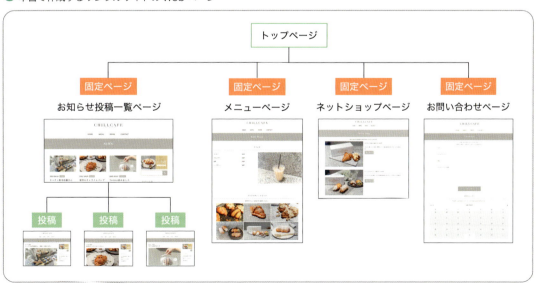

> **memo**
>
> トップページの下に繋がっているページのことを「下層ページ」といいます。サンプルサイトでは、メニューページ、ネットショップページ、お問い合せページ、お知らせ投稿一覧ページ・投稿などが下層ページにあたります。

point 投稿一覧ページとは

投稿を作成すると、時系列やカテゴリー毎に一覧で表示する投稿一覧ページが表示できます。

Chapter6では、「投稿」でお知らせのページを作成します。そして、Chapter7以降では、「固定ページ」でメニューページやお問い合わせページなどを作成していきます。それぞれのページを作成しながら、「投稿」と「固定ページ」の違いや特徴を理解していきましょう。

新作メニューやお店の新情報など、リアルタイムで情報を届けたいお知らせは「投稿」を使って、通常メニューやお問い合わせなど更新頻度が少なく、固定で置いておきたいものは「固定ページ」ですね！

「投稿」でカフェのお知らせを更新することで、時系列やカテゴリーごとにチェックできるから、ユーザーも新しい情報を追いやすくなるよね。

Create an News Page – How to Create a Post –

Chapter 6
02 投稿を新規作成しよう

まずは「投稿」を新規作成してみよう！ サンプルサイトでは、「投稿」をカフェのお知らせ情報を発信するWebページとして使うよ。

投稿の表示の仕組みを知ろう

本書オリジナルテーマの初期設定では、トップページに投稿一覧が表示されています。投稿一覧は、投稿が最新順に表示され、投稿を新規作成すると、投稿一覧にも自動で表示されるようになっています。投稿と、投稿一覧の表示が連動している仕組みを理解しておきましょう。

● サンプルサイトの仕組み

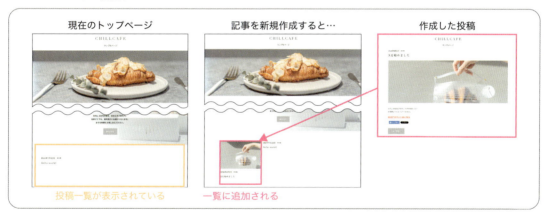

投稿の編集画面を開こう

投稿機能を利用して、Webページを作成していきましょう。エディターの操作画面の左上にあるサイトアイコンをクリックして、ダッシュボードに戻ります。

1 [投稿]>[投稿一覧]をクリックする

ブロックエディターの編集画面を理解しよう

投稿ページの作成も、Chapter5で解説したトップページと同様に、「ブロックエディター」の編集機能でWebページを作成します。ブロックエディターの編集画面は以下のような構成になっています。この編集画面から、テキストの入力や画像の追加などWebページのコンテンツを作成し、公開の設定まで行うことができます。

● ブロックエディターの編集画面の構成

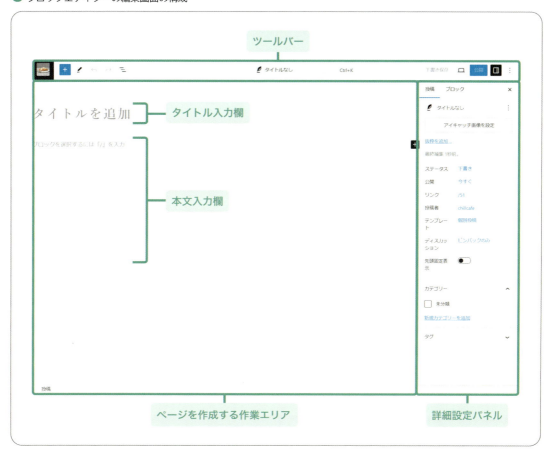

Create an News Page - How to Create a Post -

03 投稿のタイトルと本文を入力しよう

今回は「Xを始めました」というお知らせページを作成してみよう！まずはタイトルと本文にテキストを入力していくよ。

タイトルと本文とは

投稿には、投稿記事の見出しとなる「タイトル」と、記事の内容となる「本文」を入力できます。
　タイトルは、本文を読んでもらうための興味付けとなる大切な要素です。本文の内容が簡潔かつ魅力的に伝わるタイトルを考えましょう。

● 作成するページ

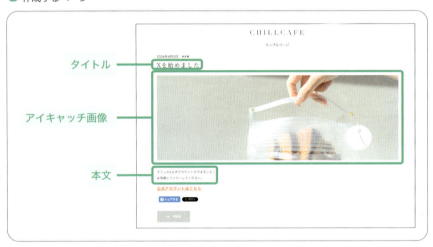

タイトルと本文を入力しよう

先ほど作成した新規投稿に、タイトルと本文を入力しましょう。

1 タイトルを入力しよう

「タイトルを追加」が表示されている欄をクリックすると、入力カーソルが入ります。ここでは「Xを始めました」と入力します。

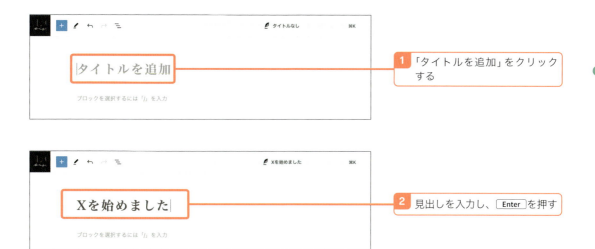

2 本文を入力しよう

　見出しを入力した後に Enter を押すと、下の本文欄に入力カーソルが入ります。「カフェのX公式アカウントができました！」とテキストを入力しましょう。テキストを入力して Enter を押すと、ツールバーが表示されます。

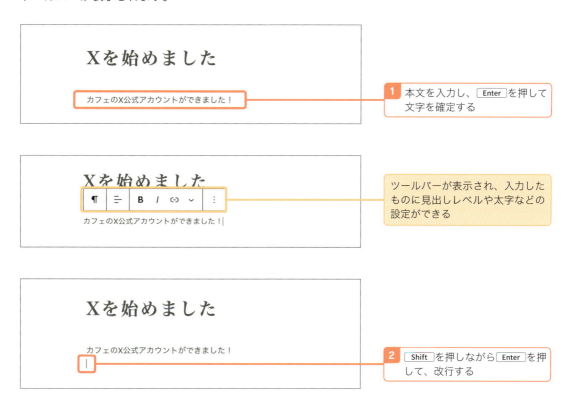

改行と段落を上手に使い分けて、読みやすさを意識しよう！

Create an News Page - How to Create a Post -

Chapter 6
04 文字にリンクを設定しよう

ページを読んだ流れで、次の行動を促せるように「リンク」を設定しよう！

リンクとは

「リンク」とは、テキストや画像をクリックすると指定されたWebページが開く仕組みのことで、ページとページを繋ぎ、行動の導線を作る役割を果たします。

1つのWebページを見ているユーザーに、次に見て欲しいWebページや関連性のあるWebページへの導線を作って行動を促すことで、Webサイトの回遊率（1ユーザーが、1回のアクセスで何ページ閲覧したかを表す数値）をアップさせることができます。

ユーザーが今見ているWebページの情報を読み終えたときに、「次にどんな行動を起こしてほしいか？」「どんな情報に興味があるのか？」を考えて、必要なリンクを設定しましょう。

このテキスト部分にXのリンクを設定する

リンクを設定しよう

入力した文字にリンクを設定しましょう。「Xを始めました」という投稿を読んだユーザーが、そのままXアカウントにスムーズに移動できるようにリンクを設定することで、フォローを促すことができます。リンク設定を効果的に使いましょう。

1 「公式アカウントはこちら」を選択する

2 [**リンク**]をクリックする

3 リンク先のURLを入力する（ここではXのアカウントのリンクを入力する）

4 [↵]をクリックする

5 [**リンクを編集**]をクリックする

6 [高度]をクリックする

7 [新しいタブで開く]にチェックを入れる

8 [保存]をクリックする

---

point 同じWebサイト内へのリンクであれば同一タブで開こう

リンクをクリックするたびに新しいタブが開くと、見る人にとっては煩わしく感じる場合があります。基本的には、別のWebサイトのリンクを設定する場合は新しいタブ、同じWebサイト内のリンクであれば同一タブで開く設定にすることがおすすめです。

文字にリンクを設定できた
リンクをクリックすると、リンク先のWebページに移動する

Chapter 6

05　文字を装飾しよう

クリックしてほしい箇所や強調したい箇所など、文字を目立たせたいときは、太字にしたり、色を変えたりして、文字を装飾してみよう！

　文字の装飾はただ見栄えをよくするものではなく、情報をわかりやすく伝えるために有効です。テキストを並べたままにするのではなく、文字に装飾をして工夫することでユーザーにとって読みやすいWebページを作りましょう。

文字にメリハリをつけてユーザーの読みやすさを意識しよう

　文字を装飾することによって、情報が伝わりやすくなり、ユーザーの行動を促す効果が高まります。ただ文字を並べただけでは、情報にメリハリがなく単調になってしまうため、特に長い文章の場合にはユーザーは読みにくく感じてしまいます。Webページを開いたユーザーが一目見ただけでも必要な情報が得られ、迷わずに行動ができるように、文字を装飾してメリハリをつける工夫をしてあげましょう。

● 文字の装飾はユーザーへの気遣い

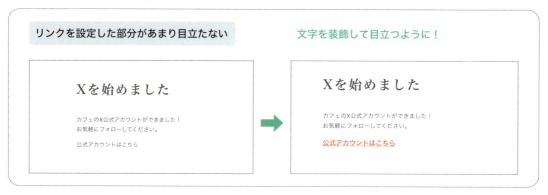

文字の装飾設定をしよう

　ツールバーや設定パネルから、文字の装飾を行うことができます。今回は、文字の太さ、文字色、文字サイズの3つの設定を行います。

1 文字を太字にしよう

「公式アカウントはこちら」を選択して、太字にしましょう。

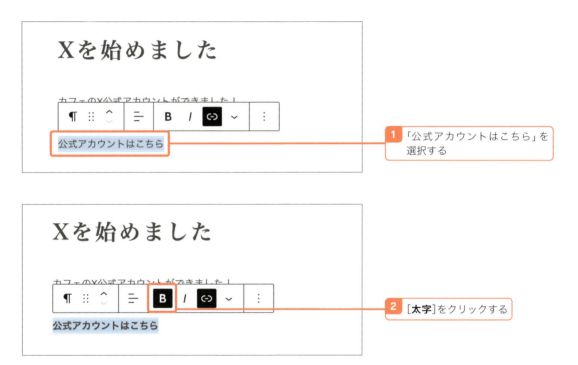

2 文字色を変更しよう

文字色を変更するには、画面右側の設定パネルから設定を行います。設定パネルが表示されていない場合は、上部にある[**設定**]をクリックすると表示されます。

2 [**ブロック**]タブにある「色」の[**テキスト**]をクリックする

3 「デフォルト」から[**赤**]をクリックする

テキストが赤文字に変更された

3 文字サイズを変更しよう

同じ[**ブロック**]タブの中にある「タイポグラフィ」の「サイズ」から文字サイズを変更できます。今回は[**L**]に設定しましょう。

1 「タイポグラフィ」の「サイズ」の[**L**]をクリックする

4 下線を引こう

文字の装飾も細かく設定できます。装飾で下線を引きましょう。

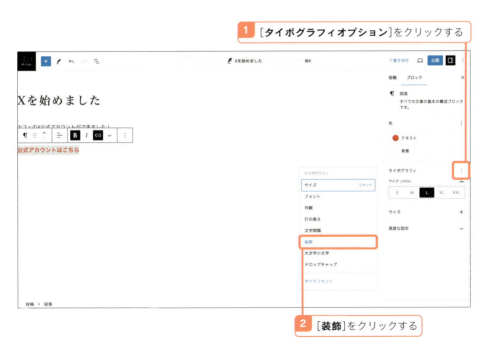

1 [**タイポグラフィオプション**]をクリックする

2 [**装飾**]をクリックする

3 [下線]をクリックする

文字の装飾が完了した

読みやすさを意識して文字を装飾することで、クリック率を上げたり、ページからの離脱を防げたりできるよ。ユーザー視点に立って文字の装飾をしてみよう！

Create an News Page - How to Create a Post -

Chapter 06 アイキャッチ画像を設定しよう

投稿に「アイキャッチ画像」を設定して、視覚的に投稿内容を伝え、興味を持ってもらう工夫をしよう！

アイキャッチ画像とは

アイキャッチ画像とは、ユーザーの目（eye）を引き付ける（catch）画像のことです。アイキャッチ画像は、投稿ページの冒頭や投稿一覧でサムネイル（小さく表示される画像）として表示されます。

アイキャッチ画像に、投稿内容が伝わる画像を設定することで、視覚的に「どのような内容なのか？」を伝え、クリック率アップに繋がります。

作成した投稿にアイキャッチ画像を設定しよう

アイキャッチ画像の設定は、設定パネルの[**投稿**]タブから設定ができます。

1. [**投稿**]タブをクリックする
2. [**アイキャッチ画像を設定**]をクリックする

3 [ファイルをアップロード]をクリックする

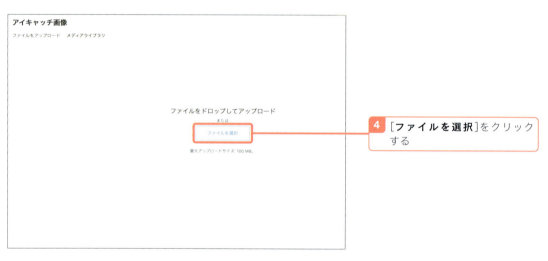

4 [ファイルを選択]をクリックする

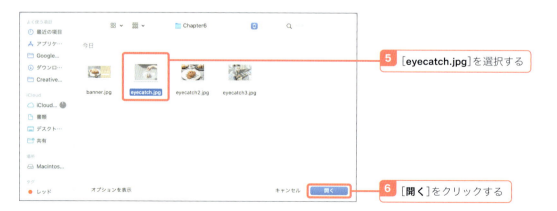

5 [eyecatch.jpg]を選択する

6 [開く]をクリックする

7 アップロードした画像にチェックが入っていることを確認し、[**アイキャッチ画像を設定**]をクリックする

設定した画像が表示されていれば、設定完了

07 作成した投稿を公開しよう

ここまで作成した投稿を公開して、Webサイトの表示を確認してみよう！ また、新規作成した投稿が、投稿一覧に追加されているかもあわせて確認しよう。

投稿を公開してWebサイトの表示を確認しよう

ここまで作成した投稿を公開する設定を行いましょう。公開設定をすることで、作成した投稿のURLが生成され、WebサイトにWebページが公開されます。

1 投稿を公開しよう

上部ツールバーの右側にある[**公開**]をクリックします。すると、「公開してもよいですか？」と表示されるので、再度[**公開**]をクリックして、公開しましょう。

1 [**公開**]をクリックする

2 [**公開**]をクリックする

手順①の後、「公開してもよいですか？」と表示されるので、再度[**公開**]をクリックする必要がある

2 公開されたWebページを表示しよう

「Xを始めましたを公開しました。」と表示されたら公開完了です。公開されたWebページを確認しましょう。その際、別タブで表示すると確認しやすいです。

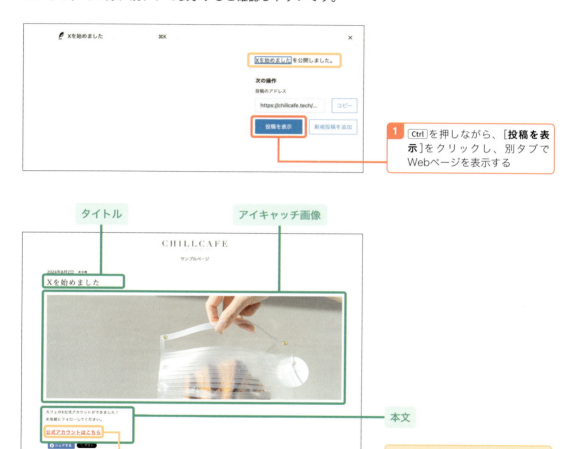

3 投稿一覧表示を確認しよう

投稿一覧が表示されているトップページも確認しましょう。ヘッダーのロゴ部分をクリックするとトップページに移動します。

初期設定で入っている「Hello World!」の左に、作成した投稿が反映されていることが確認できる

投稿のURLを確認しよう

　投稿で作成したWebページのURLは、Chapter4で解説した「パーマリンク設定」で設定した構造をベースに自動で生成されます。Chapter4では「数字ベース」に設定したので、次のような構造のURLになっていることが確認できます。

● 現在の投稿の URL

https://chillcafe.tech/archives/ 数字
　　取得した独自ドメイン

ブロックエディター編集画面では設定パネルからパーマリンクを確認することができます。画面の右にある「Xを始めましたを公開しました。」の表示を閉じ、[**投稿**]タブの中にある[**リンク**]をクリックしてみましょう。投稿ページに設定されたリンク（=公開した記事のURL）が表示されます。

投稿を下書きの状態に戻す方法

　一度公開した投稿を下書きの状態に戻すこともできます。[**ステータス**]>[**下書き**]を選択して[**保存**]をクリックすると、簡単に下書きに切り替えができます。

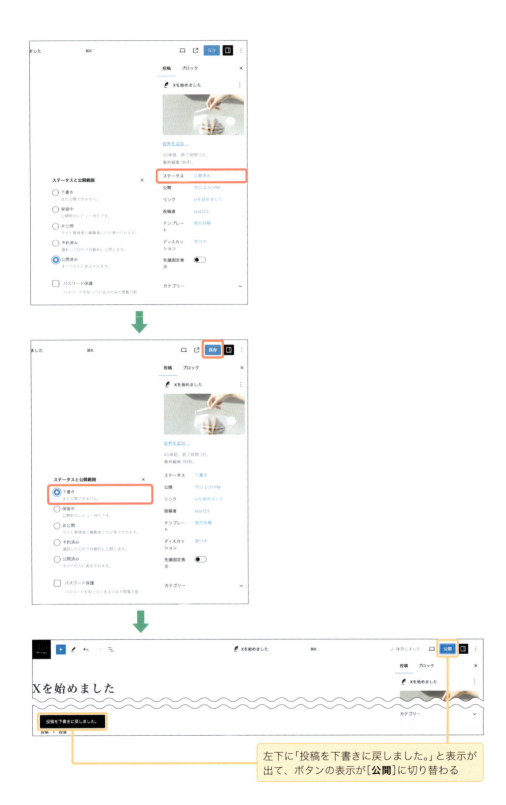

左下に「投稿を下書きに戻しました。」と表示が出て、ボタンの表示が[**公開**]に切り替わる

公開設定の内容を確認しよう

投稿にパスワードをかけたり、日時を設定して投稿予約をしたり、さまざまなページの公開設定ができます。設定パネルの[**投稿**]タブの中にある[**ステータス**][**公開**]からそれぞれの設定が可能です。

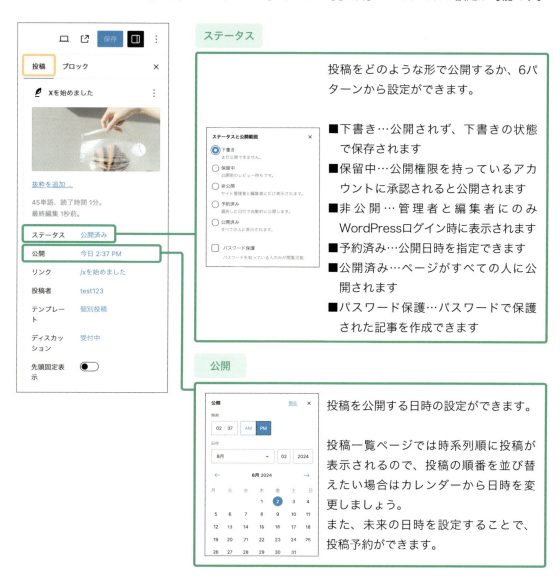

ステータス

投稿をどのような形で公開するか、6パターンから設定ができます。

- ■下書き…公開されず、下書きの状態で保存されます
- ■保留中…公開権限を持っているアカウントに承認されると公開されます
- ■非公開…管理者と編集者にのみWordPressログイン時に表示されます
- ■予約済み…公開日時を指定できます
- ■公開済み…ページがすべての人に公開されます
- ■パスワード保護…パスワードで保護された記事を作成できます

公開

投稿を公開する日時の設定ができます。

投稿一覧ページでは時系列順に投稿が表示されるので、投稿の順番を並び替えたい場合はカレンダーから日時を変更しましょう。
また、未来の日時を設定することで、投稿予約ができます。

ブログ感覚で投稿を作成することができました！ 投稿予約やパスワード設定までできるなんてとても便利ですね。

パスワード保護を使って会員専用ページを作ったり、お知らせしたいタイミングに合わせて投稿予約をしたりできるよ！

Create an News Page - How to Create a Post -

Chapter 6

08 投稿をカテゴライズしよう

投稿をカテゴリーで分類しよう！カテゴリー分けすることで、ユーザーが興味のある投稿に辿り着きやすくなるよ。

カテゴリーがわかると、どんな情報が掲載されているのかが一目で判断できそうですね

カテゴリーとは

カテゴリーとは、投稿を分類する機能です。投稿をカテゴリー別に分けて整理する役割を果たし、カテゴリーごとに投稿一覧を表示することができます。時系列に並んでいる投稿を、内容に合わせてカテゴライズすることで、ユーザーはカテゴリーから見たい情報を見つけやすくなります。また、カテゴリーを設定することで、情報を認識しやすいWebサイトの構造になるため、SEO対策（詳細はP.320のChapter11-02で解説します）に繋がります。

● カテゴリーのイメージ

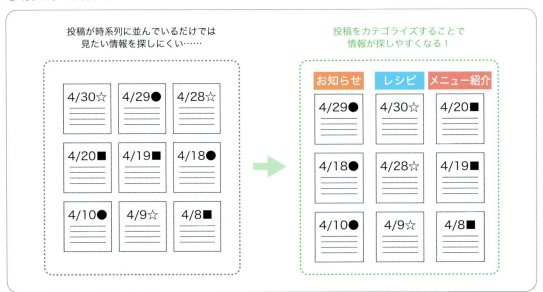

カテゴリーを設定しよう

カテゴリーを新規追加し、作成した投稿のカテゴリーを設定していきましょう。

「お知らせ」のカテゴリーが追加された

5 [未分類]のチェックを外す

6 [保存]をクリックする

memo
公開済みの投稿の場合、[公開]ではなく[保存]に表示が変わっています。[保存]をクリックすることで、公開済みのWebページに変更内容が反映されます。

カテゴリー設定が反映されているか、Webページを表示して確認する

7 「リンク」のURL部分をクリックする

カテゴリーが「お知らせ」と表示されている

カテゴリーの詳細設定をしよう

　カテゴリー設定は、カテゴリー名の他に、URLの一部となるスラッグなどを設定できます。カテゴリー編集ページから、スラッグの設定と、カテゴリー名の変更方法について確認していきましょう。

スラッグとは

　スラッグとは、URLを構成する文字列の一部で、好きな文字列を設定できます。カテゴリーで設定するスラッグは、「そのカテゴリーに該当する投稿一覧」を表示するWebページのURLの一部となります。

● スラッグとは

> https://chillcafe.tech/archives/category/ スラッグ

　WebページのURLは、日本語では文字化けをする可能性があるので、英数字で設定することがおすすめです。しかし、先ほどブロックエディター編集画面から追加したカテゴリー「お知らせ」のスラッグはカテゴリー名と同じ日本語の設定になっているので、カテゴリーの詳細設定ページからスラッグを英数字の文字列に変更しましょう。また、初期設定の「未分類」のカテゴリー名の変更方法もあわせて確認します。

1 スラッグを設定しよう

　左上のアイコンをクリックしてダッシュボードに戻ります。[**投稿**]>[**カテゴリー**]から、カテゴリーの新規追加やスラッグの設定などの詳細設定ができます。

1 ページ左上のアイコンをクリックする

2 [**投稿**]>[**カテゴリー**]をクリックする

投稿一覧には、新規作成した投稿が追加されている

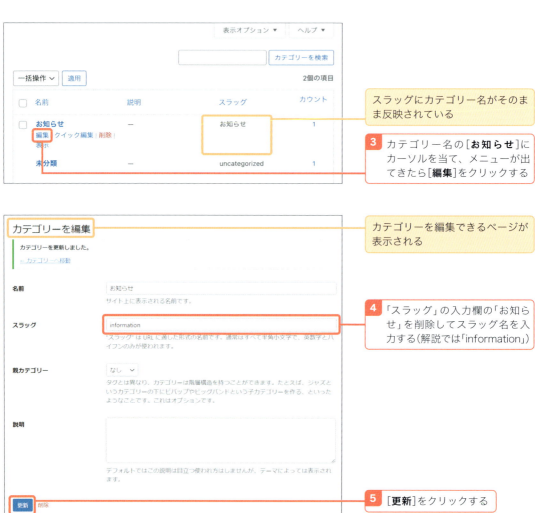

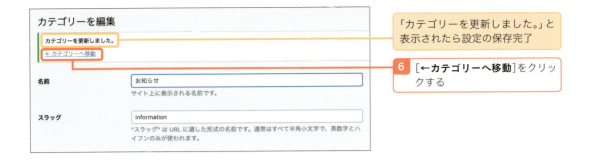

2 カテゴリー名を変更しよう

初期設定の「未分類」というカテゴリーが存在します。カテゴリー名を「未分類」から「その他」に変更しましょう。「未分類」の[**クイック編集**]からカテゴリー名を変更します。

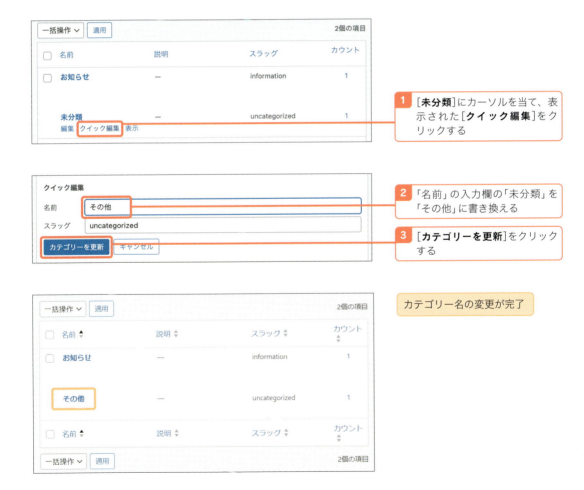

新規カテゴリーを追加しよう

カテゴリー編集ページから新規カテゴリーを追加することもできます。ここでは、「スタッフ紹介」というカテゴリーを新規追加します。

1 「名前」の入力欄に「スタッフ紹介」と入力する

2 「スラッグ」の入力欄に「staff」と入力する

3 [**新規カテゴリーを追加**]をクリックする

カテゴリー一覧に、新しくカテゴリーが追加される

> **point** 親カテゴリーと子カテゴリー
>
> カテゴリーは階層構造を持つことができます。大きなカテゴリー（親カテゴリー）の下に、小さなカテゴリー（子カテゴリー）を作ることで、より細かくカテゴライズができます。
>
> ● 親カテゴリーと子カテゴリー

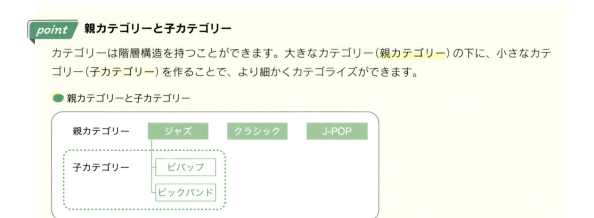

不要な投稿を削除しよう

カテゴリー設定が完了したら、初期設定で入っている投稿の「Hello world!」は不要なので、削除しましょう。削除すると、トップページに表示されている投稿一覧からも「Hello world!」の投稿が削除されます。

1 [投稿]>[投稿一覧]をクリックする

2 「Hello world!」にカーソルを当て、表示された[ゴミ箱へ移動]をクリックする

ゴミ箱に1つ投稿が入った

　トップページに表示されている投稿一覧から「Hello world!」の投稿が削除されたことが確認できます。

投稿を2つ作成しよう！

新作紹介とスタッフインタビューの2つの投稿を新規作成してみよう！ここまで学んだ操作方法を思い出しながらチャレンジしてね。

新作紹介とスタッフインタビューの投稿を作成しよう

Chapter6の内容を踏まえて、以下の投稿の内容を参考に、2つの投稿を作成してみましょう。次のページで実際の作成の流れを簡単に解説します。細かい操作がわからない場合は、記載の参照ページを確認しましょう。

● 投稿1

■タイトル：新作のキャラメルパンプキン
■アイキャッチ画像：eyecatch2.jpg
■本文：
＜段落＞ 新作のキャラメルパンプキンの販売が始まります！
＜段落＞ 10月7日から、昨年大人気だったキャラメルパンプキンの販売が始まります。オンラインショップでも購入可能ですので、是非お試しください♪
■カテゴリー：お知らせ

● 投稿2

■タイトル：キッチン担当佐藤さん「美味しさ届けます」
■アイキャッチ画像：eyecatch3.jpg
■本文：
＜段落＞ キッチン担当の佐藤さんスタッフインタビュー
＜段落＞ キッチン担当の佐藤さんに、Chill Cafeで働く理由をインタビューしました。一緒に働く仲間を募集していますので、興味のある方はお気軽にお問い合わせください。
■カテゴリー：スタッフ紹介

投稿作成の流れを確認しよう

2つの投稿を作成できましたか？ ここからは投稿1の作成の流れを解説します。投稿2も同様の手順で作成できます。

メニューページと投稿一覧ページを作ろう
〜固定ページの作り方〜

固定ページで、メニューページと投稿一覧ページを作りましょう。ブロックエディターを活用して、さまざまなレイアウトの作り込みをし、Webサイトらしいページの表現を習得していきましょう。

Create a Menu Page and a Post List Page - How to Create a Page -

Chapter 7
01 カフェメニューページを作成しよう

カフェのメニューページを作っていこう！カフェのメニューページには、メニューを整理した表と、メニューの写真を並べたギャラリーを作成しよう。

情報がしっかり整理されていて見やすいページにしたいです！テキストの情報だけでなく、写真をたくさん掲載することで、よりカフェの魅力を伝えられそうですね。

カフェメニューの情報をわかりやすく伝えよう

　カフェメニューのページでは、メニューや価格はわかりやすく表に整理して掲載し、実際のメニューがイメージできるようにギャラリー(複数の画像を並べたもの)を活用しましょう。

　ドリンクメニューのテキスト情報は、表が簡単に作成できるテーブルブロックを使って、ドリンクと価格の一覧を掲載します。情報量が多い場合には、ただテキストを並べるのではなく、表に整理することで、ユーザーは情報をスムーズに理解しやすくなります。

　また、フードとスイーツのメニューは、写真を並べることができるギャラリーブロックを使い、視覚的に伝えることで、ユーザーがよりリアリティのあるイメージを膨らませられるようにしましょう。

● カフェメニューページのイメージ

ドリンクメニューを作成しよう

固定ページでカフェメニューのページを作成しましょう。ドリンクメニューは、メニューの一覧をわかりやすく伝えるために、テーブルブロックを使って表を作成していきます。

1 [固定ページ]>[新規固定ページを追加]をクリックする

2 タイトルにテキストを入力する

「Cafe」と「Menu」の間には、半角スペースを入力する

3 タイトルの下にスペーサーブロックを挿入し、高さ「40px」に設定する

4 スペースの下に、グループブロックを追加し、[グループ：コンテナにブロックを集めます]を選択。設定パネルから「幅広」を「90%」に設定する

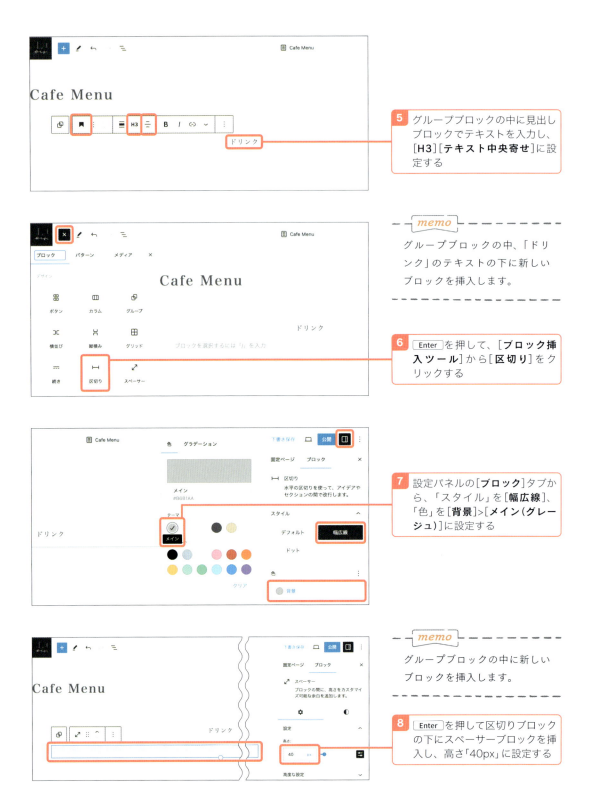

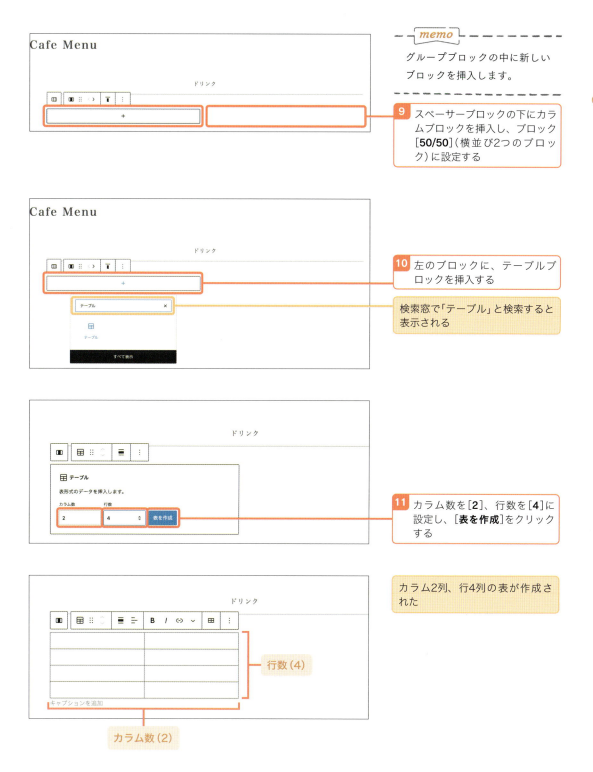

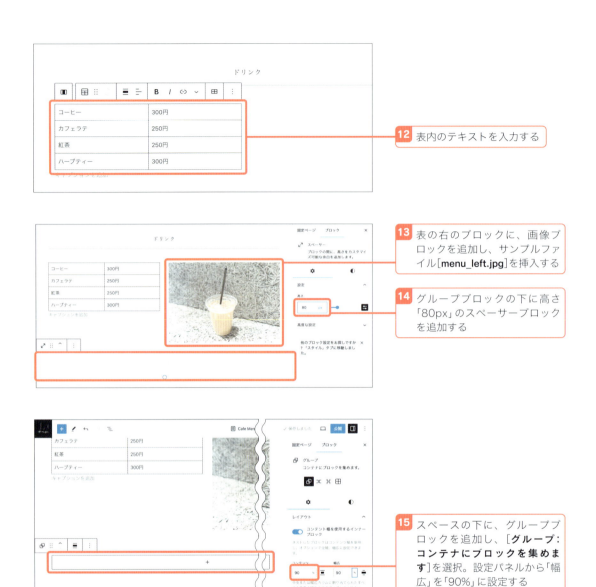

ギャラリーを作成しよう

　ギャラリーブロックで、画像ギャラリーを作成しましょう。ギャラリーブロックを使うことで、配置する画像の枚数やサイズなどを細かく指定することができます。

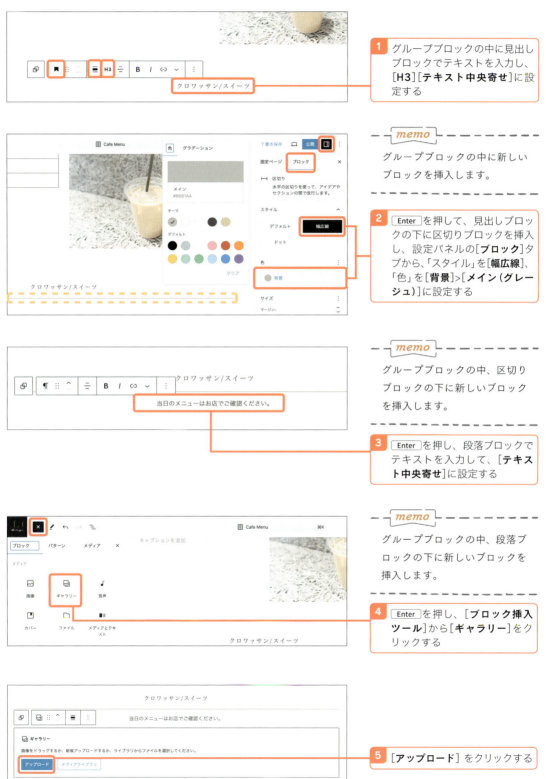

11 [固定ページを表示]をクリックする

メニューページが完成した

ページのURLを確認しよう

　固定ページのページURLには、タイトルの文字列が反映されます。公開されたページのURLを確認すると、以下のように独自ドメインの後ろが「/cafe-menu」という文字列になっています。これは固定ページのタイトルに設定した「Cafe Menu」が反映されている形になります。（「cafe-menu」の「-（ハイフン）」は半角スペースが反映されたものです）

● 公開された Web ページの URL

https:// 独自ドメイン /cafe-menu　← 設定したタイトルが反映される

美味しそうなクロワッサンの写真に食欲がそそられますね！テキストでは伝わりきらない魅力が伝わって、Webサイトを見た人のお店に対する興味もより引き出せそうです！

そうだよね。料理の写真やお店の雰囲気など、写真を上手に活用してユーザーがイメージできるように工夫をしよう！

Chapter 7 - 02 2カラムの投稿一覧ページを作成しよう

続いて、投稿一覧を表示するページを2カラムで作成しよう！ 投稿された記事を一覧で表示するページを用意することで、ユーザーが時系列で情報を追いやすくなるよ。

他のページと違って、サイドバーがあることで、興味のあるページに移動しやすそうですね！

カラムとは

　固定ページを使って、投稿した記事を一覧で表示する投稿一覧ページを作成します。投稿一覧ページは、左側に投稿された記事を表示し、右側には「最近の投稿」や「カテゴリー」などを表示したサイドバーを設置します。

　このように1つのページの中で分割するレイアウトを、カラム分割といいます。カラムとは、縦に分割して複数の列を作る段組のことです。カラム数を増やしたレイアウトにすることによって、情報の見やすさやページの導線を整えることができます。

　カラム数を増やすことによって情報量が増えるメリットがある一方で、ユーザーが他のページに移動する可能性も高くなります。ページの情報に集中してほしい場合には1カラムが適しているので、ページの目的に合わせてカラム数を設定しましょう。

● 2カラムのイメージ

> **point** **サイドバーとは**
>
> サイトバーとは、メインコンテンツの横 (右・左・または両端) に配置されるコンテンツエリアです。サイドバーを設置することで、1つのWebページでより多くの情報を伝えることや、ユーザーが見たい情報に迷わずに辿り着けるようにWebサイト内の導線を整理することができます。

投稿一覧ページを作成しよう

固定ページを新規作成して、投稿一覧ページを作成しましょう。

1　2カラムのレイアウトを作成しよう

カラムブロックを使って、ページを縦に2:1で分割します。それぞれのカラムにブロックを設定しましょう。

1 左上のアイコンをクリックしてダッシュボードに戻る

2 [新規固定ページを追加]をクリックする

3 タイトルに「NEWS」と入力する

4 タイトルの下にカラムブロックを挿入し、[**66/33**]を選択する

2 最新の投稿を表示しよう

投稿した記事を表示させましょう。最新の投稿ブロックを活用することで、記事の投稿と連動して最新の投稿を表示することができます。

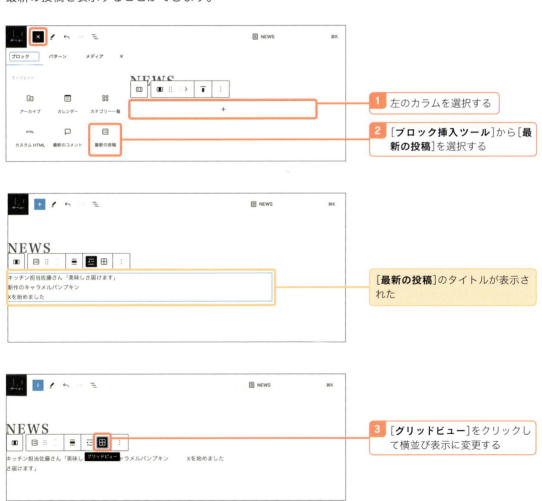

1 左のカラムを選択する

2 [**ブロック挿入ツール**]から[**最新の投稿**]を選択する

[**最新の投稿**]のタイトルが表示された

3 [**グリッドビュー**]をクリックして横並び表示に変更する

それぞれのタイトルの下に投稿日が表示された

アイキャッチ画像が表示された

3 パターンを活用して、サイドバーを挿入しよう

　続いて、右カラムにサイドバーを表示させましょう。本書オリジナルテーマには、サイドバーのパターンが用意されています。パターンを活用してサイドバーを設定しましょう。

2 グループブロックを挿入し、[**グループ：コンテナにブロックを集めます**]を選択。設定パネルから「幅広」を「90%」に設定する

3 [**ブロックを追加**]から[**すべてを表示**]を選択する

memo
グループブロックの中に、パターンブロックを追加します。

4 [**パターン**]をクリックする

5 [**サイドバー**]をクリックする

6 表示された[**サイドバー**]をクリックする

---- memo ----
本書オリジナルテーマで用意しているパターンの「サイドバー」を使用します。

右カラムにサイドバーが表示された

4 ページを公開しよう

最後にページを公開して、2カラムの表示を確認しましょう。

1 [**公開**]ボタンをクリックする

2 再度[**公開**]ボタンをクリックする

3 [**固定ページを表示**]をクリックする

2カラムレイアウトのページを作成できた

パターンの新規作成・編集方法

パターンは自分で作成することもできるよ。よく使うレイアウトやブロックの組み合わせがある場合、パターンを作成することで効率よく配置することができるので、上手に活用しよう！

パターンを新規作成する方法

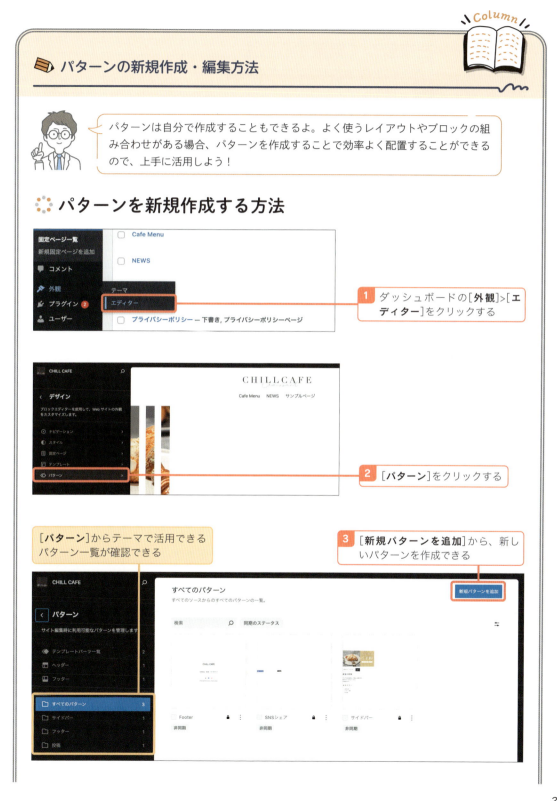

1 ダッシュボードの[**外観**]>[**エディター**]をクリックする

2 [**パターン**]をクリックする

[**パターン**]からテーマで活用できるパターン一覧が確認できる

3 [**新規パターンを追加**]から、新しいパターンを作成できる

パターンを複製して編集する方法

プラグインで便利な機能を追加しよう

　プラグインを使うと、お問い合わせフォームや予約カレンダーなどの便利な機能をWebサイトに簡単に追加することができます。プラグインを上手に活用して、ユーザーとWebサイト管理者のどちらにとっても、使いやすいWebサイトを作りましょう。

01 プラグインってなに？

プラグインを使えば、お問い合わせフォームや予約カレンダーなどの機能を簡単に追加することができるよ。プラグインを使ううえでの注意点を理解して、早速インストールしてみよう！

プラグインで便利な機能が追加できるんですね！ お問い合わせフォームや予約カレンダーを設置できたら、使いやすいWebサイトになりますね。

プラグインの基本と使用時の注意点

プラグインとは、WordPressに便利な機能を追加できる拡張ツールです。スマートフォンにアプリをインストールするような感覚で、プラグインをダッシュボード上から簡単にインストールして使うことができます。ただし、簡単に追加できるからといって必要以上に追加してしまうと、Webサイトの動作が重くなったり、プラグイン同士で干渉し合いエラーを起こしたりと、WordPressに悪影響を及ぼす可能性もあるので注意が必要です。プラグインを上手に活用するために、プラグインを追加する際には、次の3つのポイントについて確認しましょう。

❶ 利用中のWordPressのバージョンに対応しているか？

あなたが使っているWordPressのバージョンとプラグインの互換性を確認できる項目があるので確認しましょう。「使用中のWPバージョンと互換性あり」と表示されていれば問題ありません。「使用中のWordPressバージョンで未検証」と表示されている場合、互換性が確認されていないので、WordPressバージョンの確認や事前にバックアップ取得などの対策をしましょう。

❷ 利用者から評価されているプラグインか？

各プラグインでは、実際に利用されている数（有効インストール数）や、実際にプラグインを使った利用者の5段階の評価（星の数）を確認することができます。有効インストール数や評価はあくまで目安にはなりますが、有効インストール数や評価が極端に少ない場合には注意が必要です。同じ機能を果たすプラグインの中でどれにするか迷ったときなどは、これらの評価を1つの基準にして判断しましょう。

❸ 同じような機能を果たすプラグインを複数導入していないか？

　同じような機能を果たすプラグインを複数導入すると、お互いの機能が干渉し合い、エラーを起こす可能性があります。例えば、お問い合わせフォームの機能のプラグインを2つ以上導入すると、送信エラーが発生するようなケースがあります。1つの機能に対して1つのプラグインをインストールするようにしましょう。

　また、プラグインをたくさん追加してしまうと、プラグイン同士の相性などによって、WordPressが不具合を起こすこともあります。プラグインは10個前後を目安に、本当に必要なものだけを入れるように管理をしましょう。

> **memo**
> プラグインは基本的に無料で使えます。プラグインによっては無料版の機能をアップグレードする場合に有料版になるケースが多いです。

プラグインでお問い合わせフォームと予約カレンダーを設置しよう

　プラグインはダッシュボードのナビゲーションメニューの[**プラグイン**]からインストールし、有効化することで追加できます。今回のサンプルサイトでは、次の2つのプラグインを使って、お問い合わせフォームと予約カレンダーを設置します。

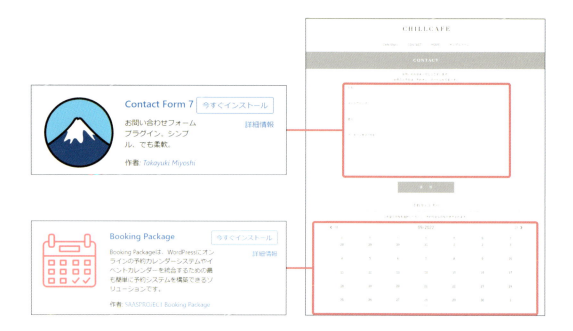

プラグインを追加しよう

プラグインの[**新規プラグインを追加**]から、プラグインを新しくインストールして有効化しましょう。ここでは、①お問い合わせフォーム作成機能の「Contact Form7」、②予約カレンダー機能の「Booking Package」、③日本語の文字化けを防いでくれる「WP Multibyte Patch」の3つのプラグインのインストールと有効化をしていきます。

ナビゲーションメニューの[**プラグイン**]から、プラグインの一覧表示を確認し、新しいプラグインの追加を行いましょう。

1 「Contact Form7」を追加しよう

お問い合わせフォームを設置できるプラグイン「Contact Form7」を追加します。

2 [**新規プラグインを追加**]をクリックする

3 検索ボックスに「Contact Form7」と入力する

4 [**今すぐインストール**]をクリックする

5 [**有効化**]をクリックする

有効化されているプラグインは背景が水色で表示される

Chapter 8 プラグインで便利な機能を追加しよう

2 「Booking Package」を追加しよう

予約カレンダーを設置できる「Booking Package」を追加します。先ほどと同じように、[**プラグイン**]>[**新規プラグインを追加**]からプラグインを検索し、インストールと有効化を行います。

1 [プラグイン]>[新規プラグインを追加]をクリックする

2 検索ボックスに「Booking Package」と入力する

3 [今すぐインストール]をクリックする

4 [有効化]をクリックする

プラグイン一覧に追加された

3 「WP Multibyte Patch」を追加しよう

　同じ手順で、「WP Multibyte Patch」のプラグインもインストールと有効化をしましょう。「WP Multibyte Patch」はWordPressを日本語で利用する際に文字化けを防いでくれるプラグインです。有効化した後は、特に設定などの必要はなく、そのままで大丈夫です。（WordPressインストール時に、デフォルトで有効化されている場合もあります）

1 ［プラグイン］>［新規プラグインを追加］をクリックする

2 検索ボックスに「WP Multibyte Patch」と入力する

3 ［今すぐインストール］をクリックする

4 ［有効化］をクリックする

追加されました

プラグインの削除方法を確認しよう

プラグインは便利である一方、インストール数が多いとWebサイトの表示が遅くなるなど、WordPressに負担がかかる場合があるので、不要なプラグインは削除しておきましょう。初期設定で入っているプラグイン「Hello Dolly」は不要なので削除します。削除は、プラグイン一覧から行います。

1 プラグインの一覧表示の[**削除**]をクリックする

2 [**OK**]をクリックする

プラグインが削除された

WordPressに負担をかけないように、プラグインを管理しよう！インストールしているプラグイン一覧に不要なものがないか、定期的にチェックすることがおすすめだよ。

Chapter 8

Customize Useful Functionalities of Your WordPress with Plugins

02 お問い合わせフォームを作ろう

「Contact Form7」を使ってお問い合わせフォームを設置してみよう！ 用意されたコードを貼り付けるだけで簡単に設置できるよ。

お問い合わせフォームの役割

　お問い合わせフォームは、フォームに入力された内容を指定のメールアドレス宛に送信することができ、ユーザーからの問い合わせを受け取る目的で設置します。

　Webサイトを見て興味を持ってくれたユーザーが「Webサイトの管理者に連絡を取りたい」と思った際に、連絡できる先がないとユーザーはアクションを起こすことができません。お問い合わせフォームを設置することで、24時間連絡を受け付けることができるので、ユーザーが連絡を取りたいと思ったタイミングでいつでもアクションを起こすことができます。Webサイト管理者とユーザーをスムーズに繋ぐ役割をしてくれるのがお問い合わせフォームです。

お問い合わせフォームを設置したWebページを作ろう

　「Contact Form7」を使って、お問い合わせフォームを設置しましょう。「Contact Form7」によって自動で生成されたコードを、Webページに貼り付けるだけで簡単に設置することができます。

1 お問い合わせフォームのコードをコピーしよう

　プラグイン「Contact Form7」を有効化すると、ナビゲーションメニューに[**お問い合わせ**]の項目が追加されます。[**お問い合わせ**]>[**コンタクトフォーム**]から「コンタクトフォーム1」のショートコードをコピーします。

1 [お問い合わせ]>[コンタクトフォーム]をクリックする

237

2 新しい固定ページを作成しよう

お問い合わせフォームを設置する固定ページを作成しましょう。タイトルとテキストを入力します。

3 お問い合わせフォームのコードをペーストして公開しよう

テキストの下にお問い合わせフォームを設置します。先ほどコピーした「コンタクトフォーム1」のショートコードをペーストしましょう。

1 テキストの下の段落にコピーしたコードを[Ctrl]+[V]でペーストする

2 [公開]をクリックする

Webページを見ると、お問い合わせフォームが設置されていることが確認できる

お問い合わせフォームが表示されたら、実際に動作するかテスト送信をしてみよう。お問い合わせフォームから送られた内容は、P.69の手順②でWordPressに設定したメールアドレス宛に届くよ！

お問い合わせフォームの詳細設定を確認しよう

お問い合わせフォームは、入力項目や自動返信メールなど詳細な設定をすることができます。詳細設定の方法を確認しましょう。

1 お問い合わせフォームの項目の設定画面を確認しよう

ナビゲーションメニューの[**コンタクトフォーム**]にある、「コンタクトフォーム1」の[**編集**]をクリックすると編集画面が開きます。[**フォーム**]タブでは、お問い合わせフォームの項目を設定できます。

2 送受信の通知メールの設定画面を確認しよう

[メール]タブでは、お問い合わせフォームから送信された際に内容を受信するメールアドレスや、送受信したときの通知メールの設定などができます。

Webサイトのフォームからのお問い合わせはユーザーとの大切な接点になるよ！ 受信したメールを見逃さないようにお問い合わせフォームからの通知メールはしっかり確認しよう！

Customize Useful Functionalities of Your WordPress with Plugins

Chapter 8 » 03　予約カレンダーを設置しよう

続いて予約カレンダーを設置してみよう！ 予約可能な時間帯を選択できるようにしておくことで、Webサイト管理者もユーザーもスムーズに予約のやり取りを行うことができるよ。

予約カレンダーの役割とは

　予約カレンダーは、Webサイト管理者があらかじめ登録したスケジュールをカレンダーに表示し、その中からユーザーが希望の日程を選択して予約できる機能です。

　ネットで予約を受け付ける場合、ユーザーの希望日時を聞いて、管理者が受付可能か確認をして…というやり取りをすると時間がかかってしまう可能性もありますが、予約カレンダーで受付可能な日程を表示しておくことで、管理者もユーザーもスムーズに予約のやり取りを行うことができます。また、予約カレンダーの機能で予約状況を把握することができるので管理面でも便利です。

● 予約カレンダーを活用しよう

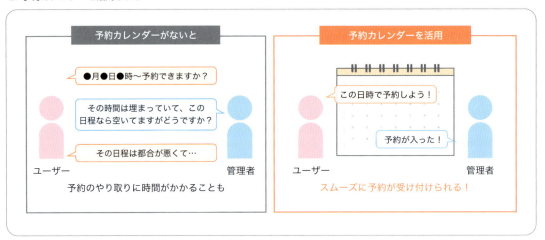

予約カレンダーを設置しよう

予約カレンダーのプラグイン「Booking Package」を利用して、予約カレンダーを固定ページに設置します。自動で生成されるコードを貼り付けるだけで、予約カレンダーを表示することができます。

1 予約カレンダーの設定をしよう

予約カレンダーを設置する前に、予約を受け付けられる時間などの設定を行いましょう。ナビゲーションメニューの［Booking Package］>［カレンダーアカウント］にある、［First Calendar］の設定を行います。

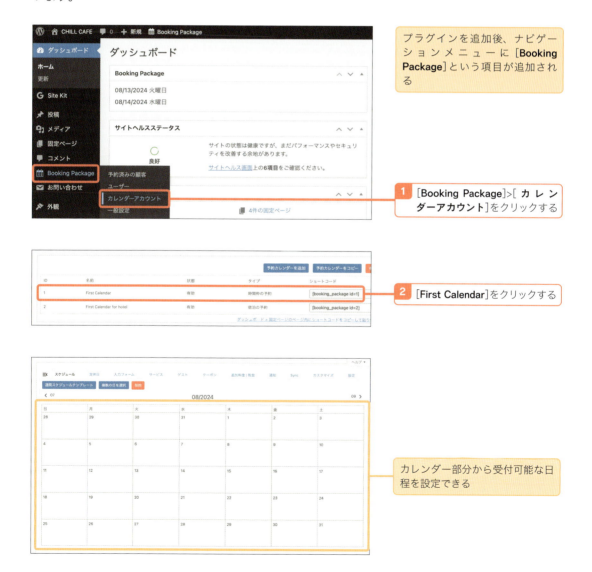

1 ［Booking Package］>［カレンダーアカウント］をクリックする

2 ［First Calendar］をクリックする

カレンダー部分から受付可能な日程を設定できる

2 予約可能な日時を設定しよう

　予約可能な日時を設定しましょう。設定作業をする日付より未来の日程から、任意の日付をクリックします。すると、スケジュール設定の画面が開き、選択した日付で予約受付可能なスケジュールを設定することができるので、以下の内容を参考にしながら設定しましょう。

設定した内容が反映された

4 [**保存**]をクリックする

3 予約申し込み時の入力フォームの項目を変更しよう

続いて、予約時の入力フォームの項目の設定をしましょう。カレンダー上のメニューの[**入力フォーム**]タブをクリックすると、予約時に必要な入力項目の設定画面が開きます。初期設定では英語で設定されているので、わかりやすいよう日本語に直しましょう。

1 [**入力フォーム**]タブをクリックする

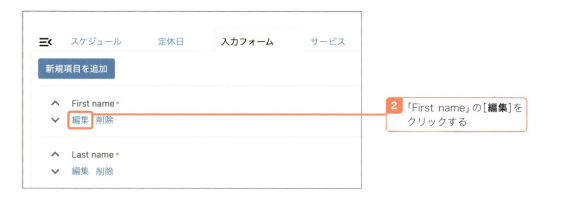

2 「First name」の[**編集**]をクリックする

245

4 不要な項目を削除しよう

初期設定では、電話番号や住所などの入力項目がありますが、予約時に極力ユーザーの手間を省けるように、必要な項目のみを設定しましょう。今回は、不要な項目を削除して、「姓」「名」「メール」の3つのみの項目を設定します。

1 ◊をドラックすると順番が変えられるので、上から「姓」→「名」に並べ替える

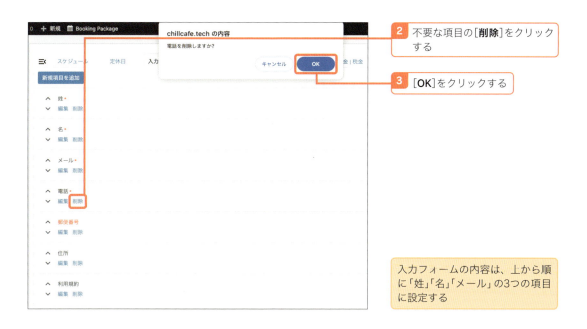

2 不要な項目の[**削除**]をクリックする

3 [OK]をクリックする

入力フォームの内容は、上から順に「姓」「名」「メール」の3つの項目に設定する

5 予約完了時の通知メールを変更しよう

　予約を受け付けたときに管理者とユーザーに届く通知メールの設定を行います。メニューの中にある[**通知**]タブから、1番上の[**新規**]の項目をクリックしましょう。[**新規**]とは新規で予約を受け付けたときの通知メールの設定を指します。初期設定では、通知メールが英語表記になっているので、「顧客向け」と「管理者向け」の項目をそれぞれ日本語に設定します。

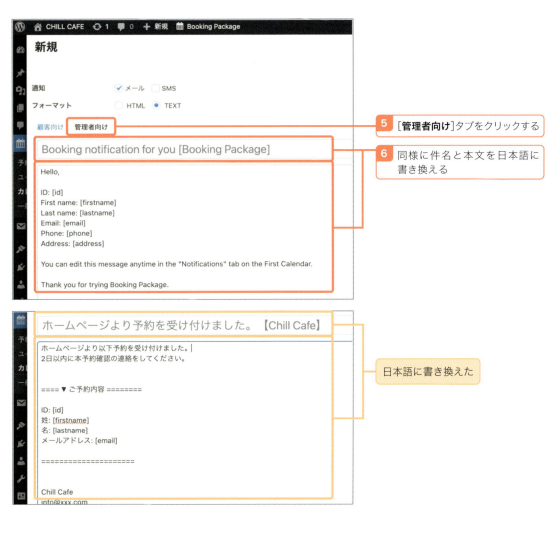

6 予約カレンダーの一般設定を行おう

予約カレンダーの[**一般設定**]から、国と通貨の設定を行います。初期設定で国と通貨が日本で設定されていれば、この操作は不要です。

7 予約カレンダーのショートコードをコピーしよう

予約カレンダーの設定が完了したら、固定ページに設置しましょう。ここまでで、設定をした[**First Calendar**]のショートコードをコピーします。

2 [First Calendar]の欄の「ショートコード」をコピーする

8 固定ページにショートコードを貼り付けよう

お問い合わせフォームの下に、予約カレンダーを設置します。固定ページ「CONTACT」の編集画面を開き、予約カレンダーのショートコードを貼り付けましょう。

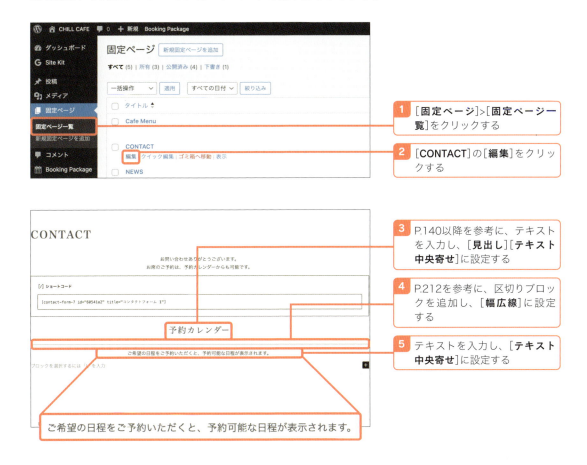

1 [固定ページ]>[固定ページ一覧]をクリックする

2 [CONTACT]の[編集]をクリックする

3 P.140以降を参考に、テキストを入力し、[見出し][テキスト中央寄せ]に設定する

4 P.212を参考に、区切りブロックを追加し、[幅広線]に設定する

5 テキストを入力し、[テキスト中央寄せ]に設定する

9 予約カレンダーの表示を確認しよう

　Webページを確認すると、予約カレンダーが表示されていることが確認できます。また、予約カレンダーには受付可能な日時を設定した日は、背景色が白で反映されています。

予約カレンダーの動作を確認しよう

予約カレンダーが設置できたら、予約時の動作を確認します。予約カレンダーなどユーザーが利用する機能は、Webサイトで公開する前に、必ず正常に動作するか確認するようにしましょう。

1 予約可能な日時を選択しよう

予約可能な日をクリックします。

2 申込者情報を入力しよう

予約者の情報を入力する項目が表示されます。それぞれの項目を入力して[**予約する**]ボタンをクリックしましょう。「予約手続きが完了しました」と表示されたら予約完了です。予約時に入力したメールアドレスには「顧客向け」の通知メール、WordPressに設定したメールアドレスには「管理者向け」の通知メールが届くのでそれぞれ確認しましょう。

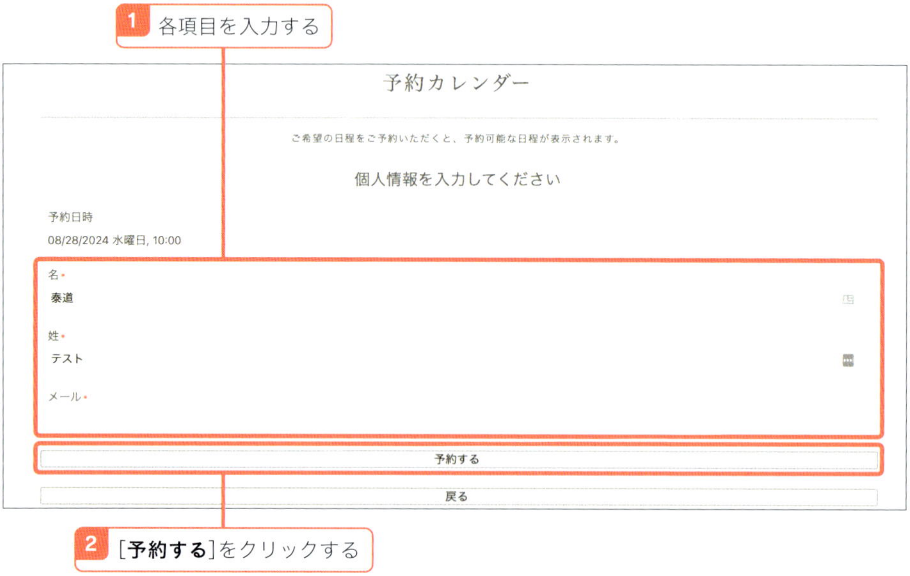

1 各項目を入力する

予約カレンダー

ご希望の日程をご予約いただくと、予約可能な日程が表示されます。

個人情報を入力してください

予約日時
08/28/2024 水曜日, 10:00

名 *
泰道

姓 *
テスト

メール *

予約する

戻る

2 [**予約する**]をクリックする

注意

Gmailなど受信するメールサーバーによっては、通知メールが迷惑メールフォルダに入ってしまう場合があります。万が一、通知メールが届かない場合は、迷惑メールフォルダを確認しましょう。

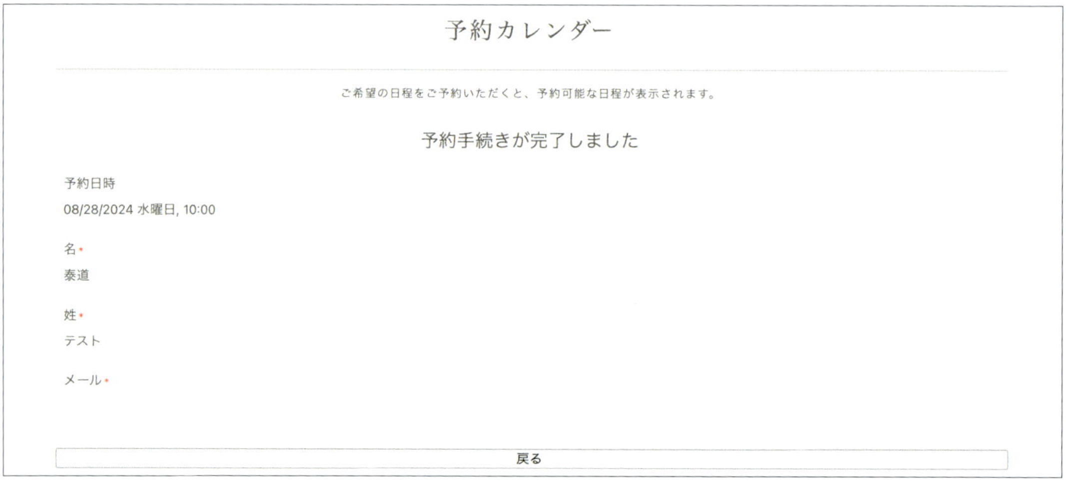

予約カレンダー

ご希望の日程をご予約いただくと、予約可能な日程が表示されます。

予約手続きが完了しました

予約日時
08/28/2024 水曜日, 10:00

名 *
泰道

姓 *
テスト

メール *

戻る

顧客向け

ご予約ありがとうございます【Chill Cafe】 受信トレイ

First Calendar std021.phy.lolipop.jp 経由
To 自分

田中 花子 様

Chill Cafe のご予約ありがとうございます。
以下内容にて仮予約を受け付けました。

本予約はお電話にて確認が必要になります。
2日以内に担当者よりご連絡差し上げますので、
今しばらくお待ちくださいませ。

==== ▼ ご予約内容 ========
姓: 田中
名: 花子
メールアドレス:

====================

Chill Cafe
info@xxx.com

管理者向け

ホームページより予約を受け付けました。【Chill Cafe】

First Calendar std021.phy.lolipop.jp 経由
To 自分

ホームページより以下予約を受け付けました。
2日以内に本予約確認の連絡をしてください。

==== ▼ ご予約内容 ========
ID: 1
姓: 田中
名: 花子
メールアドレス:

====================

Chill Cafe
info@xxx.com

予約カレンダーがあるだけで、管理者もユーザーもスムーズに予約のやり取りができて、とても便利ですね！

そうだね。管理者は、予約カレンダーに表示する受付可能な日程を随時更新することを忘れないようにしよう！

Chapter 8　プラグインで便利な機能を追加しよう

255

おすすめのプラグイン

プラグインはたくさん種類がありすぎて何を入れたらいいのか迷っています。どんな機能のプラグインがあるんですか？

プラグインの役割として❶WordPressを守ってくれる保護系のプラグインと、❷WordPressを便利に使うために機能を拡張するプラグインの大きく2種類に分けられるよ。解説の中で紹介するプラグインの他にも、おすすめのプラグインを5つ紹介するね！

プラグイン	説明
EWWW Image Optimizer	画像を圧縮してくれるプラグインです。WordPressの画像サイズは、サイトの表示速度に大きく影響するため、軽量化することが大切です。「EWWW Image Optimizer」を使えば、1つひとつの画像のサイズを自動で圧縮してくれます。
Elementor Website Builder	追加したい要素をドラッグ＆ドロップして、Webページを直感的に編集することができるWebページビルダープラグインです。ブロックエディターよりも、フォントやアニメーションなどの細かい設定が可能です。
Yoast Duplicate Post	作成したWebページをワンクリックで複製することができるプラグインです。同じような構成のWebページを作成したいときに、複製して編集をすることで効率よくWebページの作成ができます。
Rich Table of Contents	目次を自動で生成してくれるプラグインです。よくブログ記事などで使われています。ブログ記事のように長いテキストのWebページは、目次を入れることでユーザーが知りたい情報にアクセスしやすくなります。
Password Protected	Webサイト全体にパスワードをかけることができるプラグインです。Webサイトの作成途中に他者に見られないように保護を行う場合やパスワードを知っている人のみ閲覧できる会員限定サイトとして使う場合に活用できます。

カート機能を実装して
ネットショップページを作ろう

「Shopify」というECサイト制作サービスを利用して、Webサイトにカート機能を実装する方法を解説します。ネットショップを開設して、あなたのビジネスの幅を広げましょう。ネットショップの開設が不要な方は、ここまでの復習を兼ねてP.292のコラムを参考にギフトBOX紹介ページの作成にチャレンジし、WordPressの操作方法を定着させましょう。

01 ネットショップを開設しよう

お店に足を運べない人にもカフェの味を楽しんでもらえるように、ネットショップがあったら嬉しいのですが、WordPressでできますか？

ShopifyというECサイト制作サービスを使えば、WordPressに簡単にカート機能を実装して、ネットショップを開設することができるよ！

Shopifyとは

Shopifyとは、本格的なネットショップを簡単に作ることができるECサイト制作サービスです。Shopifyを利用すれば、ネットショップに必要なカート機能を簡単にWebサイトに実装できます。カート機能を実装することで、ユーザーが好きな商品を選択してネット上で購入ができるようになります。

カート機能を自分で実装するには難しい専門知識が必要になり、ユーザーの個人情報を取り扱うものになるのでセキュリティ面の対策も必須になります。

Shopifyを利用すれば、安全性や機能性が高いカート機能を低コストで簡単に導入でき、ネットショップ運営者もユーザーも安心して利用できるのでおすすめです。

Shopifyの導入方法

Shopifyを使ってネットショップを開設する方法は2通りあります。

● Shopifyを使ってネットショップを開設する方法

①Shopifyで一からECサイトを開設する方法	Shopifyを利用して、一からECサイトを構築することができます。自分のWebサイトを持っておらず、新規でECサイトを作りたい人におすすめの方法です。
②自分のWebサイトにShopifyの購入ボタンを実装する方法	Shopifyで「購入ボタン」を作成し、発行されたコードをWordPressに貼り付けることで、すでに持っているWebサイトを活用してネットショップを開設することができます。手持ちのWebサイトにカート機能を追加したい人におすすめの方法です。

今回は②の方法で、Webサイトにカート機能を実装します。

すでに自分のWebサイトを持っている場合は、①の一からECサイトを作って開設するよりも、②の持っているWebサイトを活用してカート機能を追加する形の方が、低コストのプランで簡単にネットショップをはじめることができます。

Shopifyの利用料

Shopifyを利用する際には、以下2つの手数料がかかります。それぞれの内容を確認しましょう。

● Shopifyの利用にかかる費用は2種類

❶ Shopifyのサービス利用料（月額制）

Shopifyのサービスを利用するにあたり、月額でサービス利用料がかかります。4つのプランがあり、月額料金と特徴は次の表の通りです。

● Shopifyの料金プラン（2025年3月現在）

プラン	月額	特徴	こんな人におすすめ
スタータープラン	750円	・カート機能 ※Shopifyでオンラインストアを作成することは不可	自分のWebサイトにカート機能を実装したい人
ベーシックプラン	3,650円 （年払いの場合）	・オンラインストア構築 ・無制限の商品登録 ・スタッフアカウント数（2） など	Shopifyでネットショップのページをはじめて作りたい人
スタンダードプラン	10,100円 （年払いの場合）	・オンラインストア構築 ・無制限の商品登録 ・スタッフアカウント数（5） ・レポート機能 など	ネットショップで売上を維持できるようになり、利益を伸ばしたい人や、担当スタッフが増えてきた人
プレミアムプラン	44,000円 （年払いの場合）	・オンラインストア構築 ・無制限の商品登録 ・スタッフアカウント数（15） ・より高度なレポート機能 など	大規模な売上があり、ショップ運営の効率化やより高いレベルのデータ分析をしたい人

大きな特徴としては、「スタータープラン」のみ、Shopifyでネットショップのページを作成することができませんが、他のプランに比べて安い月額料金で利用することができます。自分のWebサイトを持っている人であれば、「スタータープラン」を利用することで低コストでネットショップをはじめることができます。

❷ **各決済方法に準じた決済手数料（取引毎に発生）**

　ユーザーが商品を購入する際に選択した決済方法（クレジットカード払いなど）の取引時に発生する決済手数料です。決済手数料は、Shopifyペイメントを利用する場合、購入価格の3％〜5％程度かかります。購入時に利用できる決済方法は、管理者の方で設定できます。

WordPressにカート機能を実装する手順

　ShopifyのカートをWordPressに実装する手順は次の通りです。Shopifyは3日間は無料で利用することができるので、今回は無料のお試し期間を利用してスタートしましょう。

● Shopifyを利用したカート機能の実装手順

STEP 1	STEP 2	STEP 3
Shopifyの登録	購入ボタンの作成	WordPressへの実装

スタータープランを利用する場合、750円の月額料金と、ネットショップの売上に対して5％程度の手数料がかかるよ。
例えば、ネットショップの月の売上が10万円であれば、月額利用料750円＋決済手数料約5,000円＝手数料合計5,750円のコストがかかるイメージだよ！

スタータープランなら、他のプランに比べて固定の運営コストの負担が小さくて気軽にはじめやすいですね！

Chapter 9

Create an Online Shop Page by Implementing the Cart Function

02 STEP 1. Shopifyに登録しよう

カート機能を実装する手順は、Shopifyの登録、購入ボタンの作成、WordPressへの実装の3ステップだよ。まずは、Shopifyでアカウントを作成しよう。

Shopifyは3日間の無料で使えるお試し期間があるんですね！ 無料期間で実際に使ってみて、ネットショップの導入を検討できるので助かります。

Shopifyのアカウントを作成しよう

まずはShopifyにアカウント登録をしていきましょう。Shopify（https://www.shopify.com/jp）にアクセスして公式サイトを開きます。

1 Shopify公式サイト「https://www.shopify.com/jp」へアクセスする

2 ［無料体験をはじめる］をクリックする

3 ［メールアドレスにサインアップ］をクリックする

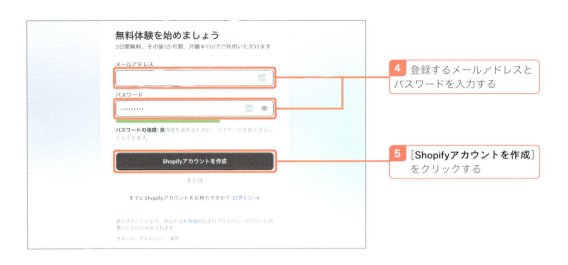

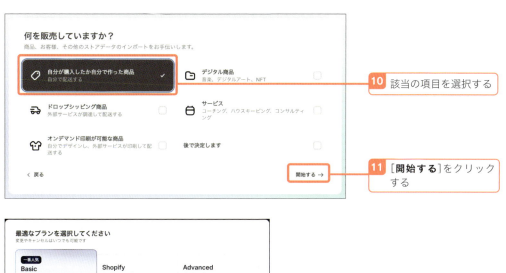

スタータープランに登録しよう

カート機能で決済ができるようにするためには、Shopifyで利用するプランの選択と決済情報の登録が必要です。

今回は購入ボタンを利用するので、「スタータープラン」で契約します。

1 プランを選択しよう

スタータープランを契約し、決済情報を入力しましょう。

ビジネスの住所の登録はここではスキップする

5 [×]をクリックする

2 登録完了メールを確認しよう

　Shopifyの登録が完了すると、登録したメールアドレスに、件名「Shopifyへようこそ！」という完了メールと、件名「メールアドレスを確認する」という登録したメールアドレスを確認するためのメールが届きます。メールアドレス確認メールを開き、メールアドレスの確認を完了させましょう。

Shopify登録完了メール　　　　メールアドレス確認メール

1 [メールを確認する]をクリックする

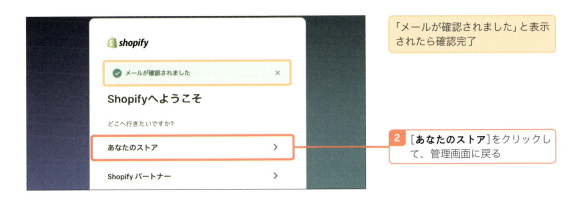

「メールが確認されました」と表示されたら確認完了

2 [あなたのストア]をクリックして、管理画面に戻る

Create an Online Shop Page by Implementing the Cart Function

03 STEP 2. 購入ボタンを作成しよう

続いて、Shopifyの「購入ボタン」を作成しよう。商品を登録して、購入ボタンをサンプルサイトに合ったデザインに編集していくよ。

購入ボタンの作成の流れ

　Shopifyの購入ボタンとは、すでに持っている自分のWebサイトやブログなどにコードを埋め込むだけで、カート機能を実装できる機能です。Shopifyの管理画面から、商品の登録やボタンのデザインなどを設定すると、購入ボタンを埋め込むためのコードが自動で生成されます。

　購入ボタン作成の手順は、まず販売する商品の登録を行い、その登録した商品の購入ボタンの設定を行う流れになります。

購入ボタンを作成しよう

　Shopifyアカウントの作成が完了したら、続いて購入ボタンを作成していきましょう。

1 商品を登録しよう

　購入ボタンを作成するために、まずは商品を登録しましょう。Shopifyでは、販売する商品を1つずつ登録して販売管理を行います。「商品を追加する」というページで、商品の名前や説明、価格などを設定することができます。

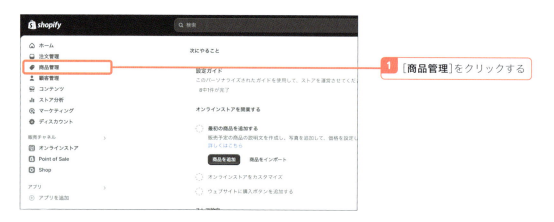

266

2 ［**商品を追加**］をクリックする

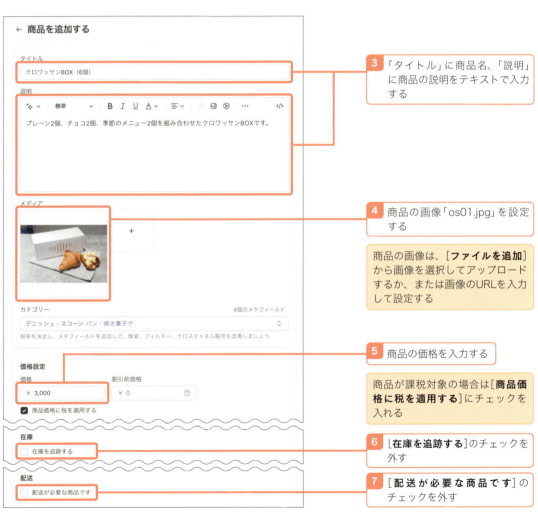

3 「タイトル」に商品名、「説明」に商品の説明をテキストで入力する

4 商品の画像「os01.jpg」を設定する

商品の画像は、［**ファイルを追加**］から画像を選択してアップロードするか、または画像のURLを入力して設定する

5 商品の価格を入力する

商品が課税対象の場合は［**商品価格に税を適用する**］にチェックを入れる

6 ［**在庫を追跡する**］のチェックを外す

7 ［**配送が必要な商品です**］のチェックを外す

2 購入ボタンを作成しよう

続いて、登録した商品を購入するための購入ボタン（Buy Button）を作成しましょう。販売チャネルにBuy Buttonの機能を追加して、購入ボタンを作成します。

4 [インストール]をクリックする

5 [購入ボタンを作成する]をクリックする

販売チャネルに[Buy Button]が追加された

6 [商品購入ボタン]をクリックする

7 購入ボタンを作成する商品にチェックを入れる

8 [**選択**]をクリックする

ここから購入ボタンの色や文字などをカスタマイズすることができる

9 [**クラシック**]と表示されている選択項目部分をクリックする

ここからレイアウトスタイルの変更ができる

10 [**ベーシック**]をクリックする

購入ボタンのスタイルが[**ベーシック**]に変更され、ボタンのみの表示になった

11 [**ボタンのスタイル**]をクリックする

12 [**背景**]の緑の部分をクリックする

271

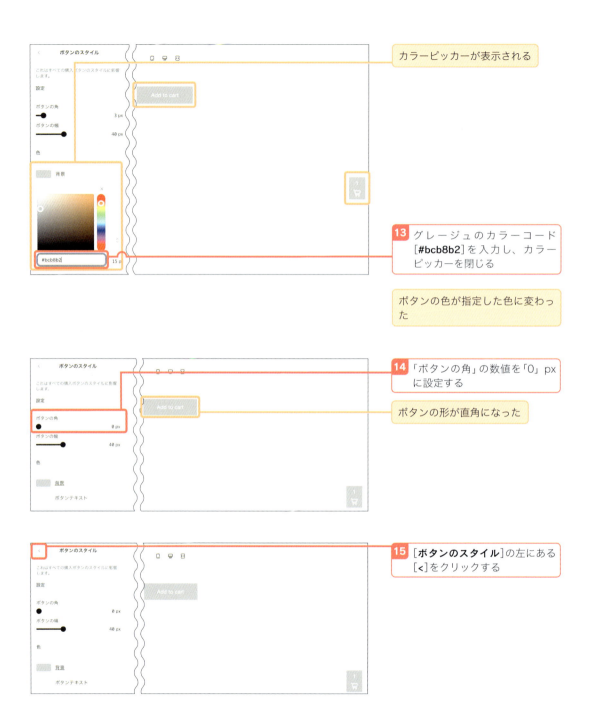

13 グレージュのカラーコード[**#bcb8b2**]を入力し、カラーピッカーを閉じる

ボタンの色が指定した色に変わった

14 「ボタンの角」の数値を「0」pxに設定する

ボタンの形が直角になった

15 [**ボタンのスタイル**]の左にある[**<**]をクリックする

3 購入ボタンのコードをコピーしよう

購入ボタンのコードをコピーしてWordPressに貼り付けることで、購入ボタンを表示することができます。ボタンのカスタマイズが完了したら、購入ボタンのコードをコピーしましょう。

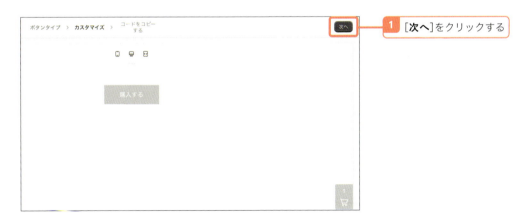

> **注意**
>
> 購入ボタンのコードは一度このページを閉じると、再び表示することができません。コードをメモに控えておくなどしておきましょう。

Create an Online Shop Page by Implementing the Cart Function

04 STEP 3. 購入ボタンを実装しよう

作成した購入ボタンをWordPressへ実装しよう。コピーしたコードを貼り付けるだけなのでとても簡単にできるよ。

固定ページを作成し、購入ボタンを実装しよう

固定ページでネットショップページを作成し、Shopifyで作成した購入ボタンを実装します。

1 ネットショップページを作成しよう

まずは、固定ページでネットショップページを作成します。ここからはWordPressでの作業になるので、ダッシュボードに戻りましょう。

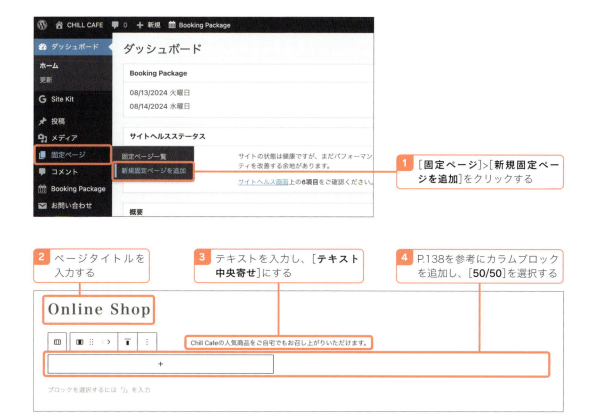

275

2 購入ボタンを実装しよう

続いて、商品説明のテキストの下にShopifyで作成した購入ボタンのコードをペーストします。カスタムHTMLブロックを追加し、テキスト入力欄にShopifyのコードをペーストしましょう。メニューバーの[**プレビュー**]をクリックすると購入ボタンが表示されます。

276

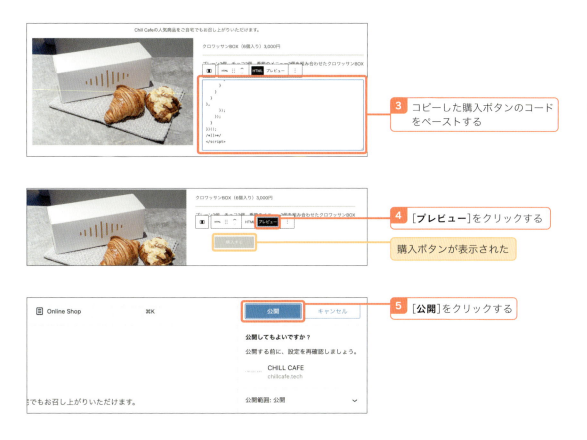

3 購入ボタンの動作確認をしよう

公開したページを表示して、実装したShopify購入ボタンの表示や動作を確認してみましょう。

2 ［Checkout］をクリックする

カートが表示され、追加された商品の一覧が表示される

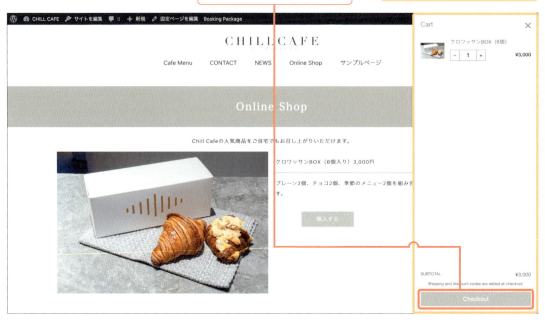

この決済ページに個人情報などの必要な情報を入力し購入手続きを進めることができる

3 決済画面を確認したら、前の画面に戻る

4 カート右上の[×]をクリックする

ページ右側にカートマークとカートに追加している商品の数が表示されていることが確認できる

Shopifyの購入ボタンの実装をすると、簡単にカート機能や決済ページまで実装されるんですね！想像以上に簡単で驚きました。

購入者の情報はShopifyの管理画面から確認することができるよ。Shopifyはセキュリティ面も万全なので安心して使えるよ！ 毎月750円で、簡単にネットショップが開けるのはとても便利だよね。

テストモードで決済の流れを確認しよう

　Webサイトに実装した機能は、ユーザーの立場となり動作に問題がないか確認することが大切です。Shopifyには、実際に商品を決済して購入する一連の流れを確認できる「テストモード」があります。今回は、テストモードを利用して、Shopifyでの購入の流れを確認しましょう。

1 Shopifyペイメントを設定しよう

　決済のテストモードを使用するためには、まずShopifyペイメントの設定をします。Shopify管理画面の左下にある[設定]をクリックすると、Shopifyに関する設定ができるページが開きます。このページから決済の設定やプラン変更、請求情報などのさまざまな設定を行えるので覚えておきましょう。

1 [閉じる]をクリックし、Shopifyの管理画面に戻る

2 Shopify管理画面の左メニューの1番下にある[設定]をクリックする

3 [決済]をクリックする　　4 [アカウントの設定を完了する]をクリックする

281

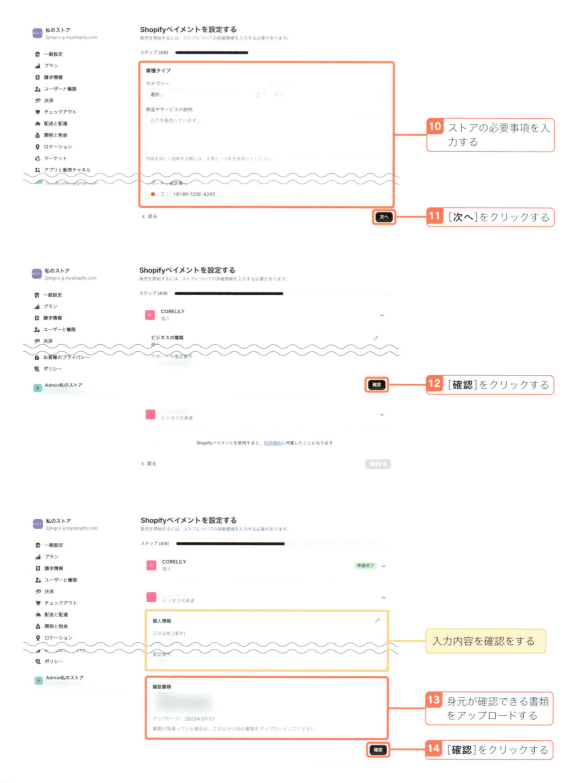

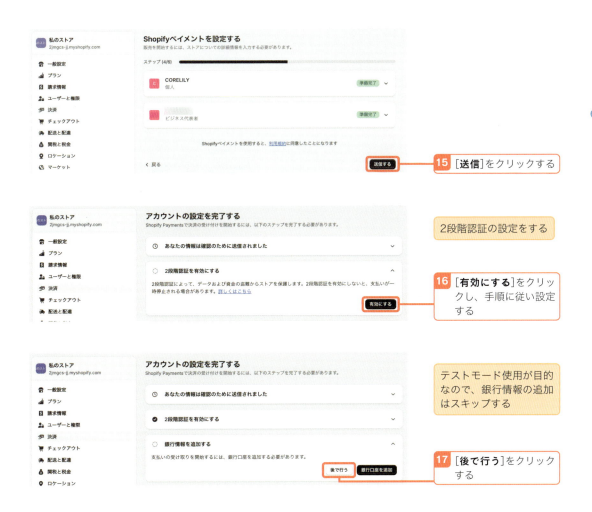

> memo

Shopifyペイメントとは、Shopifyが提供する決済サービスのことです。Shopifyペイメントを有効化すれば、Shopifyのストア上ですぐに決済サービスを利用することができるようになります。Visa、Mastercard、American Express、JCB、Apple Pay、Google Payなどに対応しています。

2 テスト決済を実施しよう

　Shopifyペイメントの設定が完了すると、テストモードが使用できるようになります。

　[**管理**]を開き、[**テストモードを使用する**]をオンにします。テストモードの設定が完了したら、Webサイトに実装した購入ボタンから実際に購入手続きを進めていきましょう。

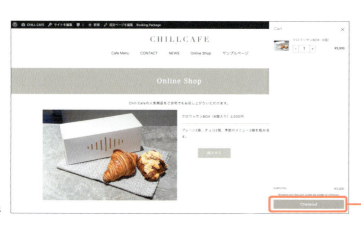

● Shopify のテスト用設定情報

● Shopify 公式サイト

URL https://help.shopify.com/ja/manual/payments/shopify-payments/testing-shopify-payments

Visaの場合

カード番号：4242424242424242と入力

カードの名義人：任意の文字を2文字以上入力

有効期限：設定時より未来の日付を入力

セキュリティコード：3桁の数字を入力

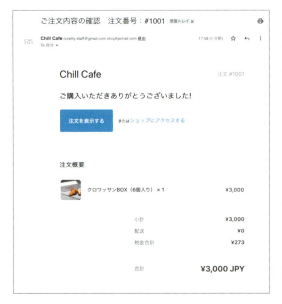

決済完了画面が表示される

　購入者として入力したメールアドレス宛に注文内容の確認メール（ユーザーに届くもの）、販売者には注文を受け付けた旨のメールが届いているので、それぞれ確認してみましょう。

購入者に届く確認メール　　　　　　　　　　販売者に届くメール

3 注文内容を確認しよう

　注文が入ると、Shopify管理画面から注文内容を確認することができます。Shopifyの管理画面に戻り、左メニューの[**注文管理**]から、先ほどテスト決済を行った注文が入っていることを確認します。Shopify購入ボタンからの注文内容は、すべてここから管理することができます。

4 テストモードを解除しよう

テスト決済が終了したら、テストモードを解除しましょう。

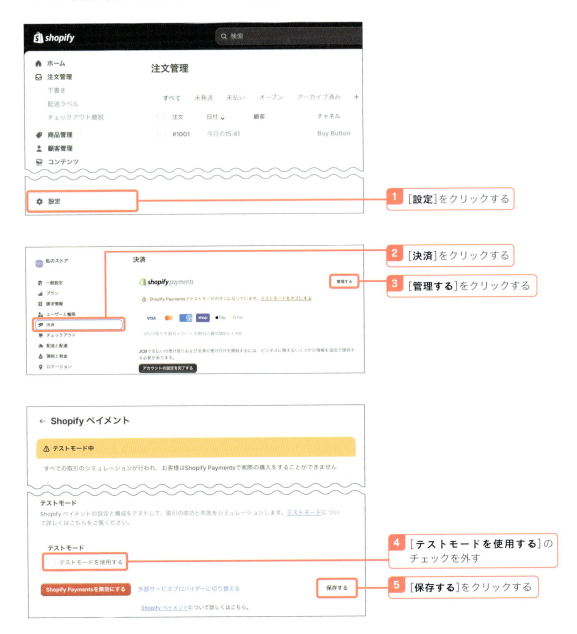

288

05 ネットショップに必要な掲載情報

Webサイト上でユーザーの個人情報を扱ったり、商品の販売を行う際には、「特定商取引法に基づく表記」や「プライバシーポリシー」の表示が必要になるよ。ユーザーが安心して商品の購入ができるように、取り決めをきちんと提示してあげよう！

ネットで商品を購入するときは信頼できる業者なのか気になるものですよね。きちんと提示してあげることで、ユーザーへの信頼にも繋がりますね！

ネットショップの運営に必要な掲載情報とは

　ネットショップを運営する際には、「特定商取引法に基づく表記」と「プライバシーポリシー」の2点を掲載しましょう。

　「特定商取引法に基づく表記」は、商品を販売する販売者の情報を消費者のためにわかりやすくまとめたものです。「プライバシーポリシー」とは、ユーザーがネットショップを介して商品を購入する際にお預かりする、名前やメールアドレス、住所などの個人情報の取り扱いに関してのお約束を明記したものです。ユーザーが安心して商品を購入できるように、それぞれのWebページを用意しましょう。

---memo---

「特定商取引法に基づく表記」や「プライバシーポリシー」は、基本的に弁護士などの専門家にリーガルチェックを依頼することをおすすめします。
また、質問に回答するだけで法律文書を自動作成してくれる「KIYAC」（右図参照）のような便利なサービスを活用するのもいいでしょう。

● KIYAC（URL https://kiyac.app/）

point ネットショップ運営に必要な掲載情報はこの2つ！

① 販売者の情報をまとめた「特定商取引法に基づく表記」
② 個人情報の取り扱いについて明記した「プライバシーポリシー」

どのようにページを用意するの？

「特定商取引法に基づく表記」と「プライバシーポリシー」は、それぞれ固定ページで作成し、必要な情報をテキストで記載しましょう。掲載すべき情報は、取り扱う個人情報や販売するものによって内容が異なります。サンプルサイトでは、基本的な内容を掲載したページをそれぞれ作成します。

「特定商取引法に基づく表記」の内容

固定ページで作成する場合は、ブロックメニュー[**テーブル**]を使って、表にまとめて作ると見やすくておすすめです。（テーブルブロックの解説はChapter7-01を参照）

表記すべき内容は、販売商品や内容によって異なりますが、記載が必須の項目は以下のような基本情報になります。

販売業者	株式会社CHILL CAFE
販売責任者	田中はなこ
所在地	東京都港区表参道1-1-1
連絡先	TEL（050-1234-5678） Eメールアドレス（info@chillcafe.com） お問い合わせは必ずメールにてお願い致します。
販売ページURL	https://chillcafe.com/
決済方法	クレジット決済/銀行振込（商品によって異なります）
販売価格	各販売ページに記載
商品代金以外の必要料金	・クレジットカード分割払いの場合、分割決済手数料 ・振込の場合、振込手数料
商品の引渡時期	決済後すぐに電子メールよりダウンロードURLをお伝え致しますのでダウンロード下さい。
商品引渡し方法	ダウンロードサイトよりダウンロード
返品・交換について	返品には対応しておりません。ご了承ください。
表現、及び商品に関する注意書き	本商品に示された表現や再現性には個人差があり、必ずしも利益や効果を保証したものではありません。

・販売事業者・会社名
・販売責任者
・所在地
・連絡先（メールアドレス、電話番号）
・決済方法
・販売価格
・支払いに関して
・商品の引渡時期
・商品の引渡し方法
・返品・交換の条件

「プライバシーポリシー」の内容

　固定ページで作成する場合は、項目の見出しと本文テキストの区別を文字サイズなどで強弱をつけて設定すると、見やすくまとまります。

　「プライバシーポリシー」では、お預かりする個人情報の内容や管理方法に合わせて、以下のような内容を表記する必要があります。

プライバシーポリシー

お客様から取得する情報

当社は、お客様から以下の情報を取得します。

・氏名（ニックネームやペンネームも含む）
・メールアドレス
・電話番号
・クレジットカード、銀行口座、電子マネー等のお客様の決済手段に関する情報
・Cookie（クッキー）を用いて生成された識別情報
・OSが生成するID、端末の種類、端末識別子等のお客様が利用するOSや端末に関する情報
・当社ウェブサイトの滞在時間、入力履歴、購買履歴等の当社ウェブサイトにおけるお客様の行動履歴

お客様の情報を利用する目的

当社は、お客様から取得した情報を、以下の目的のために利用します。

・当社サービスに関する登録の受付、お客様の本人確認、認証のため
・お客様の当社サービスの利用履歴を管理するため利用料金の決済のため
・当社サービスにおけるお客様の行動履歴を分析し、当社サービスの維持改善に役立てるため
・市場分析、マーケティングのため
・当社のサービスに関するご案内をするため
・お客様からのお問い合わせに対応するため
・当社の規約や法令に違反する行為に対応するため
・当社サービスの変更、提供中止、終了、契約解除をご連絡するため
・当社規約の変更等を通知するため

以上の他、当社サービスの提供、維持、保護及び改善のため

第三者提供

当社は、お客様から取得する情報のうち、個人データ（個人情報保護法第2条第6項）に該当するものついては、あらかじめお客様の同意を得ずに、第三者（日本国外にある者を含みます。）に提供しません。但し、次の場合は除きます。

・個人データの取扱いを外部に委託する場合
・当社や当社サービスが買収された場合
・事業パートナーと共同利用する場合（具体的な共同利用がある場合は、その内容を別途公表します。）
・その他、法律によって合法的に第三者提供が許されている場合

プライバシーポリシーの変更

当社は、必要に応じて、このプライバシーポリシーの内容を変更します。この場合、変更後のプライバシーポリシーの施行時期と内容を適切な方法により周知または通知します。

お問い合わせ

お客様の情報の開示、情報の訂正、利用停止、削除をご希望の場合は、以下のメールアドレスにご連絡ください。

e-mail　info@xxx.com

この場合、必ず、運転免許証のご提示等当社が指定する方法により、ご本人からのご請求であることの確認をさせていただきます。なお、情報の開示請求については、開示の有無に関わらず、ご申請時に一件あたり1,000円の事務手数料を申し受けます。

事業者の名称

Chill Cafe

2022年01月20日 制定

・どのような個人情報をお預かりするのか
・個人情報をお預かりする目的
・個人情報の管理方法
・個人情報をお預かりする事業者、責任者

ネットショップページの代わりに作成しよう

ネットショップページが不要な人は、ギフトBOX紹介ページの作成にチャレンジしてみよう！

ギフトBOX紹介ページを作成しよう

Chapter8までに学んだ知識でギフトBOX紹介ページを作成してみましょう。

作成手順

❶ 固定ページを新規追加する … 固定ページで新しいページを作成します。
❷ ページの中身をブロックエディターで作成する … 下図を参考にページコンテンツを作成しましょう。
❸ ページを公開する … 固定ページを公開しましょう。

- ページタイトルは「ギフトBOX」
- 固定ページの新規作成〜ページコンテンツの作成までの操作方法は、P.275手順①〜P.276手順⑧を参照する
- サンプルファイル「os02.jpg」を挿入する
- お問い合わせページへの導線として、ボタンブロックでお問い合わせページのリンクを貼ったボタンを作成する（P.144手順①〜P.146手順⑩を参照）

ナビゲーションの設定をしよう

Webサイトにアクセスしたユーザーが、知りたい情報や見たいWebページにスムーズにアクセスできる役割を果たすのがナビゲーションです。ナビゲーションを設定して、Webサイトの導線を整えましょう。

Set Up the Navigation Menu

01 ナビゲーションとは

ユーザーがWebサイトにアクセスしたときに、トップページから他のWebページに移動するためにはどうしたらいいのですか？

トップページから他のWebページに移動するための導線となるのがナビゲーションだよ！それぞれのナビゲーションの役割を理解して、実際に設定していこう。

ナビゲーションとは

　ナビゲーションとは、すべてのWebページに共通して表示され、各Webページに移動するための案内となるリンクのことです。ユーザーが見たいWebページにスムーズに移動ができるようにナビゲーションの設定をしましょう。

　今回のサンプルサイトには、ヘッダーに設置されるグローバルナビゲーションと、フッターに設置されるフッターナビゲーションの2つがあります。それぞれの役割を確認していきましょう。

● グローバルナビゲーションとフッターナビゲーション

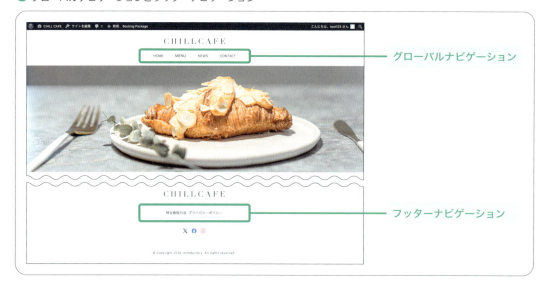

グローバルナビゲーションの役割

グローバルナビゲーションはヘッダーに設置されるナビゲーションで、主な役割は以下2つです。

① 各Webページへの導線を作り、ユーザーが知りたい情報にスムーズに辿り着けるようにすること
② ユーザーにWebサイトの全体像を伝え、得られる情報を明確にすること

グローバルナビゲーションは各Webページの上部の目立つところに配置されるものなので、ユーザーに特に伝えたい情報が掲載されている主要なWebページを整理して設定しましょう。

フッターナビゲーション

フッターナビゲーションは、Webページの1番下にあるフッターに配置されるナビゲーションで、主に以下のような役割で配置されます。

① Webサイトの全体像がわかるサイトマップのような役割
② お問い合わせなどのコンバージョン（memo参照）に繋げる
③ ヘッダーに掲載していないWebページへの導線や情報を補完する

フッターナビゲーションは、上記のように、Webサイトの目的に応じてさまざまな役割で配置されます。

---

memo

コンバージョン（conversion）とは、Webサイトの目的となるアクションをユーザーが起こしてくれる状態のことです。CVと略されます。

階層メニュー

ナビゲーションをよりわかりやすくするために、「階層」を作ることもできます。例えば、主要のページ数が多い場合、ナビゲーションに一列に並べると、項目が多く、ユーザーが判断に迷ってしまう可能性があります。そこで、同じジャンルの情報が掲載されているWebページを大項目で1つにまとめて、大項目の下に小項目を表示する形に整理することで、情報をわかりやすく配置できます。大項目にあたるものを「親メニュー」、大項目の中にある小項目を「子メニュー」と呼び、メニューに親子関係ができます。

Chapter 10　ナビゲーションの設定をしよう

● 階層メニュー

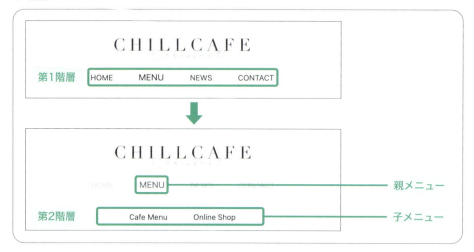

ハンバーガーメニュー

ハンバーガーメニューとは、横三本線のアイコンをクリックすると、ナビゲーションメニューを表示・非表示と切り替えることができる仕組みのことです。横三本線のアイコンが、ハンバーガーのように見えることから、ハンバーガーメニューと呼ばれるようになりました。

スマートフォンは、パソコンに比べて表示できる情報量が限られるので、情報量が多くなりすぎないように、ハンバーガーメニューを活用することで、画面に表示する情報量をスッキリさせることができます。本書オリジナルテーマでは、グローバルナビゲーションの内容がハンバーガーメニューにも反映されるようになっています。

● ハンバーガーメニュー

Chapter 10 >> Set Up the Navigation Menu

02 グローバルナビゲーションの設定をしよう

WordPressではナビゲーションの設定も簡単にできるよ。ダッシュボードの「外観」からナビゲーションの設定をしていこう！

作成するグローバルナビゲーションを確認しよう

Chapter9まで作り込んだサンプルサイトは、以下のように作成した固定ページがグローバルナビゲーションにすべて並んでいる状態になっています。これでは情報が整理されておらず、ユーザーが必要な情報に辿り着きにくくなってしまいます。

サンプルサイトのグローバルナビゲーションは、下図のように主要なWebページへのリンクを並べます。また、「MENU」ページの項目を親メニューとして、「Cafe Menu」ページと「Online Shop」ページを、子メニューに設定し2階層にしましょう。

● サンプルサイトのグローバルナビゲーション

❶ HOME … トップページへのリンク
❷ MENU … 「Cafe Menu」と「Online Shop」の階層を作るための親メニュー
❸ Cafe Menu … カフェメニューページへのリンクで、「MENU」の子メニュー
❹ Online Shop … ネットショップページへのリンクで、「MENU」の子メニュー
❺ NEWS … 投稿を一覧表示するページへのリンク
❻ CONTACT … お問い合わせページへのリンク

ナビゲーションメニューを設定しよう

　Webサイトの導線の中心となるグローバルナビゲーションを設定しましょう。ナビゲーションは、ダッシュボードの[**外観**]>[**エディター**]から設定します。メニュー項目の内容を設定したり、メニューの順番を変えたりできます。

1 ナビゲーションメニューの設定画面を開こう

　まずはヘッダーのナビゲーションメニューの設定画面を確認しましょう。

1 [**外観**]>[**エディター**]をクリックする

2 [**ナビゲーション**]をクリックする

3 編集画面をクリックする

現在サイトに表示されているナビゲーションメニューの項目が表示されている

4 ヘッダーの中のナビゲーションメニュー部分をクリックする

設定パネルの[**ブロック**]タブの[**リスト表示**]からナビゲーション項目を設定する

Chapter 10 ナビゲーションの設定をしよう

2 ナビゲーションメニューの項目を設定しよう

メニュー項目を追加したり、順番を変更したりして、ナビゲーションメニューを見やすく整理しましょう。まずはトップページのリンクを作成します。

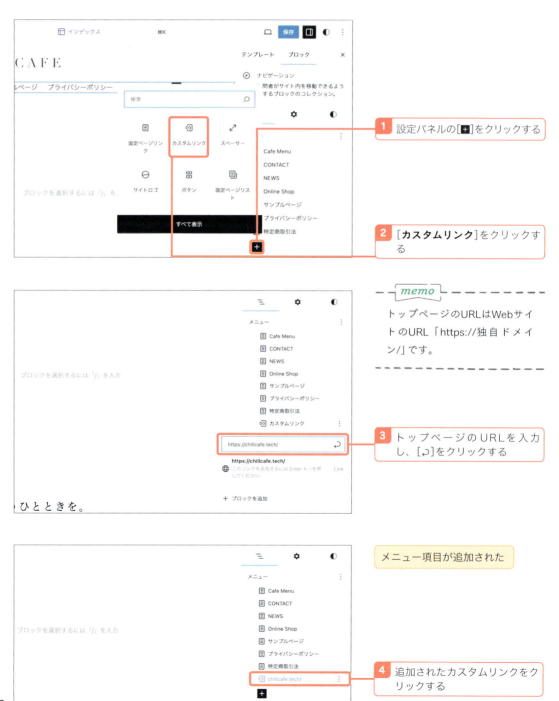

5 「テキスト」の入力欄には「HOME」と入力する

memo
「テキスト」の部分で表示したい項目名を設定できます。

6 [<]をクリックする

表示名が[HOME]に変わった

7 1番下にある[HOME]をドラッグして1番上に持っていく

3 親メニューと子メニューを作成して階層化しよう

続いて、メニューの階層を設定しましょう。親メニュー[MENU]の下に、子メニューの[Cafe Menu]と[Online Shop]を設定します。子メニューにしたい項目を親メニューの項目の位置までドラックして子メニューとして設定することで、階層を作ることができます。

4 不要なものを削除しよう

最後に順番を調整して、不要なメニュー項目を削除しましょう。

1 [NEWS] を [CONTACT] の上にドラックで移動させる

2 [サンプルページ] を選択し、右の [:] をクリックする

3 [サンプルページを削除] をクリックする

4 [プライバシーポリシー] を選択し、右の [:] をクリックする

5 [プライバシーポリシーを削除] をクリックする

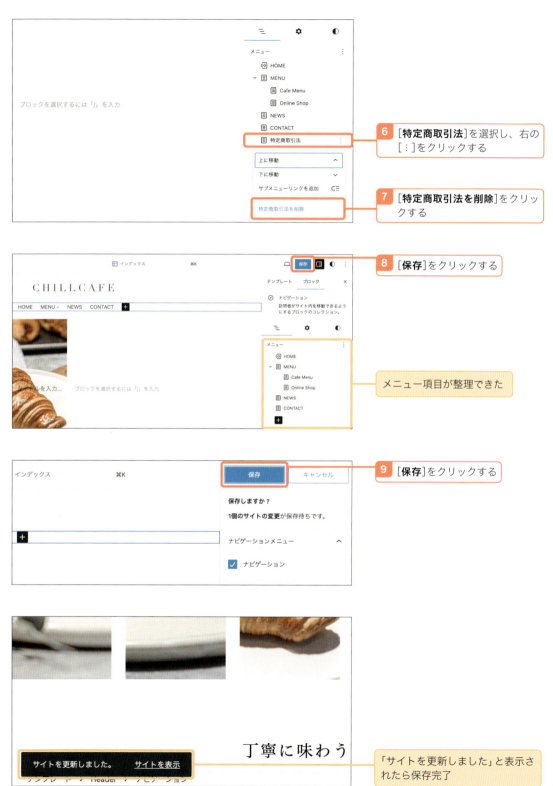

ナビゲーションメニューが反映された

[MENU]にマウスオンすると子メニューが表示される

思ったより簡単にできました！ ナビゲーションメニューを設定することで、はじめてWebサイトを訪れた人でもとても見やすくなりますね。

Chapter 10 ≫ Set Up the Navigation Menu

03 フッターの設定をしよう

続いてフッターナビゲーションの設定をしよう！ グローバルナビゲーションと同じように「ナビゲーション」から設定するよ。

作成するフッターナビゲーションを確認しよう

　フッターナビゲーションの役割は、Webサイト全体のWebページがわかるサイトマップのようにリンクを配置するケースもあれば、主要ではないけれど掲載が必要なWebページへのリンクを配置するケースなど、さまざまな用途で配置されます。今回のサンプルサイトでは、主要ではないけれど掲載が必要なWebページへのリンクを設定しましょう。

● サンプルサイトのフッターナビゲーション

❶ 特定商取引法 … 販売者や販売方法などについての情報を記載したページ
❷ プライバシーポリシー … 個人情報の取り扱いに関する情報を記載したページ

フッターナビゲーションの設定をしよう

　フッターナビゲーションには、「特定商取引法」のページと「プライバシーポリシー」のページを設定しましょう。Chapter9-05で解説している2つのページを作成していない場合は、代わりに他の固定ページを使って設定方法を確認しましょう。

1 フッター用のナビゲーションを作成しよう

フッター用のナビゲーションメニューを作成し、メニュー項目を設定しましょう。

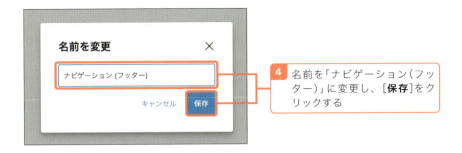

4 名前を「ナビゲーション（フッター）」に変更し、[保存]をクリックする

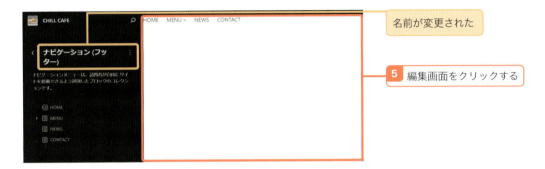

名前が変更された

5 編集画面をクリックする

ここから編集する

2 フッター用ナビゲーションの項目を編集しよう

ナビゲーションの項目を編集しましょう。

1 [＋]をクリックする

3 作成したフッター用ナビゲーションを反映させよう

作成したフッター用ナビゲーションを、フッターに反映させましょう。

3 編集画面をクリックする

4 フッターにあるナビゲーションメニューをクリックする

5 設定パネルの[**ブロック**]タブを表示し、[⋮]>[**ナビゲーション（フッター）**]をクリックする

作成した[**ナビゲーション（フッター）**]が反映された

6 [**保存**]をクリックする

7 [**保存**]をクリックする

Chapter 10 ナビゲーションの設定をしよう

設定したフッターナビゲーションが表示されている

情報が整理されたナビゲーションが設置されたことで、他のWebページにスムーズに移動できるようになりましたね！

ユーザーがナビゲーションから見たいWebページにスムーズに移動できるように、しっかり情報整理をすることが大切だよ！ 階層メニューも上手に活用してね。

Webサイトの集客を図ろう

たくさんの人にWebサイトを見てもらうためには、Webサイトの存在を知ってもらうための工夫や、アクセスしてもらうための導線を作ることが必要です。SEO対策やアクセス解析などを行い、Webサイトの集客を図りましょう。

Chapter 11
01 見てもらえるWebサイトとは

Webサイトが完成したら、Webサイトをたくさんの人に見てもらえるように導線を作ろう！ Webサイトを作っただけではなかなか人に見てもらえないよ。

Webサイトの存在をたくさんの人に知ってもらうための工夫が必要なのですね。どんな方法があるか教えてください！

人に見てもらうための工夫をしよう

せっかく作ったWebサイトを、ただそのまま公開しておくだけでは人に見てもらえません。見てほしい人に自分のWebサイトを見てもらうためには、Webサイトの存在を知らせたり、Webサイトに辿り着くための導線を作ったりする必要があります。 Webサイトが本来の効果を発揮するために、まずは多くの人に見てもらえるように工夫をしましょう。

● Webサイトを公開したら…

たしかに、お店の場合は営業中の看板を立てたり、チラシを配ったりしますね。

Webサイトの場合、「導線を作る」ことと、ユーザーがまた見に来たくなる「情報を更新する」ことが重要だよ。

人に見てもらえるWebサイトにするためには、ユーザーがWebサイトにアクセスするための「導線を作る」ことと、一度Webサイトにアクセスしてくれたユーザーがまた見に来たくなる「情報を更新する」ことの2つが大切です。
それぞれ具体的にどのような対策をしたらいいのか確認していきましょう。

ユーザーがWebサイトにアクセスできる導線を作ろう

Webサイトが存在してもそこに辿り着くための導線が用意されていなければ、アクセスする人は

増えません。たくさんの人にWebサイトにアクセスしてもらえるように、ユーザーがアクセスできる導線を新しく作る工夫をしましょう。導線を作る方法としては主に以下の5つが挙げられます。

> **point　ユーザーがWebサイトに辿り着く導線を作る方法**
>
> ❶ SEO対策
> ❷ SNSとの連携
> ❸ チラシやショップカードなどのお店の宣伝媒体への掲載
> ❹ メディアサイトや検索サイトなどへの掲載
> ❺ Web広告の活用

---

❶ SEO対策

　ユーザーは、GoogleやYahoo!JAPANなどの検索エンジンで気になるキーワードを検索し、検索結果の表示からWebサイトに辿り着きます。検索結果は、上位に表示されているほどクリック率が高くなるので、上位表示を狙うことが新規ユーザーの閲覧につながるポイントです。検索エンジンで検索結果の上位に表示されるための対策をSEO対策といいます。

❷ SNSとの連携

　X、Instagram、YouTubeなど各SNSからWebサイトへの導線を作ることでWebサイトへのアクセスに繋げることができます。SNSは、フォローしてもらうことで相手にリアルタイムで情報を届けることができ、フォロワーに情報を拡散してもらうことでより多くの人に認知してもらえる可能性も高まります。

❸ チラシやショップカードなどのお店の宣伝媒体への掲載

　名刺やチラシ、ショップカードにWebサイトのURLを掲載しておくことで、それを見た人がWebサイトにアクセスしてくれる可能性があります。Webサイトにスムーズにアクセスしてもらうために、QRコードなど簡単に読み取ってアクセスできる形で掲載しましょう。実店舗であれば、お店にショップカードを置いておくことで、実際に足を運んでくれたお客さまにWebサイトへアクセスしてもらうきっかけを作れます。

❹ メディアサイトや検索サイトなどへの掲載

　自分のWebサイトを、メディアサイトや検索サイトで紹介してもらったり、広告出稿をしたりすることでアクセスを増やすことができます。例えば、ホットペッパービューティーや食べログなど、多くのユーザー会員を持っている知名度のある媒体に登録して掲載することで、ニーズのあるユー

ザーに届きやすくなります。

❺ Web広告の活用

リスティング広告やSNS広告などのWeb広告にお金を払って出稿し、新規ユーザーのアクセスを増やす方法もあります。SNS広告であれば、1万円以下から広告を出すことができるので、比較的手軽に挑戦しやすいです。広告コストはかかりますが、SNSを更新したり、チラシを配ったりといった労力を削減できることがメリットです。

ユーザーがまた見に来たくなる情報を更新しよう

一度Webサイトにアクセスしてくれたユーザーに「またWebサイトを見にいこう！」と思ってもらうためには、ユーザーの興味に繋がる新しい情報を更新することが大切です。ユーザーがWebサイトにアクセスしても知りたい情報が掲載されていない、古い情報のまま更新がされていないとなるとリピートには繋がりません。例えば、カフェのWebサイトであれば新しいメニューを紹介したり、営業日のご案内などの最新情報を定期的に更新したりすることで、ユーザーに「お店の情報をWebサイトでチェックしよう！」と思い出してもらうことができ、リピートに繋がります。

ここでは、情報を更新する際のポイントとなる3つの工夫をご紹介します。

> **point** **Webサイトの情報を更新する際の工夫**
> ❶ 更新情報がわかるように知らせる
> ❷ 更新情報をSNSなどでシェアする
> ❸ ユーザーが興味のある内容を把握する

❶ 更新情報がわかるように知らせる

Webサイト内の情報を更新した際は、更新した内容が伝わるように更新情報をお知らせしましょう。具体的には、トップページに「●月●日 メニューページ掲載の価格を改定しました。」というような更新情報を掲載するなどの方法が挙げられます。時系列で表示される投稿機能を利用して、新着情報をお知らせする方法もおすすめです。

❷ 更新情報をSNSなどでシェアする

Webサイトには更新をお知らせする機能がないので、SNSやメールマガジン、公式LINEなど、こちらが情報発信をした通知をユーザーが受け取れるツールを活用して、更新情報を知らせることが大切です。

Webサイトを更新した際は他のツールとうまく連携し、更新した内容とWebページURLをシェアして、Webサイトへのアクセスを促しましょう。

❸ ユーザーが興味のある内容を把握する

　リピート訪問してもらうためには、Webサイト管理者が載せたい情報を載せるのではなく、ユーザーが興味のある情報を更新していくことが大切です。アクセス解析ツールなどを使って、Webサイトにアクセスしてくれたユーザーが実際にどのWebページをよく見ているのかを数字で確認することで、ユーザーの興味を具体的に把握することができます。ユーザー視点で掲載すべき内容を考え、リピート訪問されるWebサイトを作っていきましょう。

せっかく頑張って作ったWebサイトですから、たくさんの人に見てもらってリピート訪問してほしいですね。

Webサイトへの導線を増やすことで新しいユーザーを呼び込み、ユーザーに興味を持ってもらえるように情報を更新していくことで、アクセス数をのばすだけでなく、ファンを増やしていこう！

02 SEO対策をしよう

検索エンジンの検索結果からユーザーにWebページを見てもらうためには、どんな対策をしたらいいのですか？

検索エンジンの検索結果で上位表示がされるようにSEO対策をしよう！ここでは、SEO対策ができるプラグインと具体的な設定方法を解説するね。

SEOとは

　SEOとは検索エンジン最適化のことで、GoogleやYahoo!JAPANなどの検索エンジンで検索されたとき、自分のWebページを検索結果の中でより上位に表示させるために行う取り組みのことです。検索エンジンで上位に表示されれば、新規ユーザーのアクセスを増やすことができます。WebサイトのSEO対策をすることで、関連する検索キーワードによってWebサイトがヒットし、お店の名前を知らない人にも知ってもらえるチャンスに繋がります。

> **point　SEO対策とは**
> SEO（Search Engine Optimization）＝検索エンジン最適化

　検索エンジンにはさまざまな種類がありますが、世界でもっとも利用者が多い検索エンジンはGoogleです。そして、日本で利用者の多いYahoo!JAPANは、Googleの検索技術をベースにしています。そのため、SEO対策についてはGoogleの検索技術をベースに考えればYahoo!JAPANにも対応することができます。

検索エンジンの表示結果はどうやって決まるの？

　Googleの検索結果は、Webページを巡回して情報収集しているクローラーというものにWebページを認知してもらうことによって、表示される仕組みになっています。そして、検索結果の順位は、「Webサイトの情報の質」を重視して、検索キーワードと関連性が高いものから上位に表示されるようになっています。そのため、関連のキーワードで上位に表示させるためには「何を発信している、どんな情報が掲載されているWebサイトなのか」をクローラーに明確に伝えることが大切です。

Webサイトのインデックスの設定方法を確認しよう

　Webページが検索エンジンに登録されることを「インデックスされる」といいます。WordPressではWebサイトのインデックスの設定を、ダッシュボードのナビゲーションメニュー[設定]>[表示設定]から行うことができます。

[設定]>[表示設定]をクリックする

[図: 表示設定画面。「検索エンジンでの表示」からインデックスの設定ができる。検索エンジンに表示したくない場合は、[**検索エンジンがサイトをインデックスしないようにする**] にチェックを入れる]

SEO対策は何を設定すればいいの？

　Webサイトで発信している内容を、クローラーにちゃんと伝えるためには、タイトル（title）とディスクリプション（description）を設定することが重要です。タイトルとディスクリプションとは、検索結果で表示されるテキストにあたるものです。タイトルとディスクリプションに、Webサイトの内容を簡潔にわかりやすく設定することで、クローラーに「何を発信しているWebサイトなのか？」を認識してもらいやすくなります。

● タイトルとディスクリプション

ユーザーは、検索結果に表示されたタイトルとディスクリプションの内容を見て閲覧するWebページを判断するので、重要な役割を果たします

タイトルとディスクリプションはどうやって設定するの？

SEO対策に関する設定が簡単にできる「All in One SEO」というプラグインを使うことで、各Webページのタイトルとディスクリプションを設定できます。その他にもSNSの設定や他の外部ツールとの連携など、SEOに関連するさまざまな設定ができる優秀なプラグインです。

All in One SEO
WordPressのSEO設定を簡単に行うことができるプラグイン。SNSの設定や外部ツールの連携も簡単に設定できます。

SEO設定をしよう

プラグイン「All in One SEO」を使って、タイトルとディスクリプションを設定しましょう。

1 タイトルとディスクリプションの表示を確認しよう

「All in One SEO」のプラグインを追加し、タイトルとディスクリプションの設定をしましょう。ナビゲーションメニューの[**All in One SEO**]>[**検索の外観**]をクリックし、「ホームページ」の部分から、現在のタイトルとディスクリプションの表示を確認できます。

「All in One SEO」で検索する

1 P.232手順①～P.233手順⑤を参考に、「プラグインを追加」から「All in One SEO」をインストールし、有効化する

Chapter 11 Webサイトの集客を図ろう

323

② [**ダッシュボードに戻る**]をクリックする

③ [**結構です**]をクリックする

④ [**All in One SEO**]>[**検索の外観**]をクリックする

「ホームページ」のプレビューに表示されている内容が、現在のタイトルとディスクリプションの表示

2 ディスクリプションを設定しよう

プレビュー表示を確認しながら、ディスプリクションを設定しましょう。

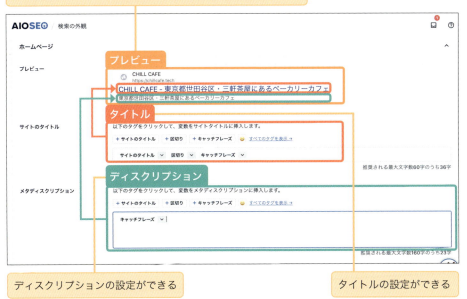

実際に検索エンジンで表示されたイメージがプレビュー表示されており、プレビューには設定した内容が反映される

ディスクリプションの設定ができる

タイトルの設定ができる

Chapter 11 Webサイトの集客を図ろう

325

point タイトルとディスクリプションはどのような仕組みで表示されているの？

設定したタグの内容がテキスト表示されています。用意されたタグで設定もできますが、テキストを入力することもできます。

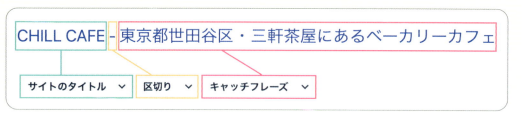

1 「メタディスクリプション」の入力欄を選択する

2 [キャッチフレーズ]タグの後ろをクリックし、[Back space]を押してタグを削除する

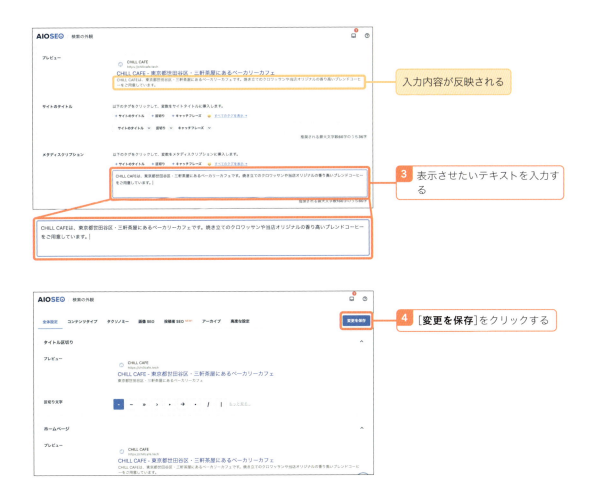

3 各ページタイトルとディスクリプションの設定方法

　固定ページと投稿ページそれぞれのタイトルとディスクリプションの設定は、各ページの編集画面で設定が可能です。検索エンジンでヒットしてほしいキーワードを意識して、1つひとつのページのタイトルとディスクリプションをきちんと設定してあげることで、SEO対策に繋がります。

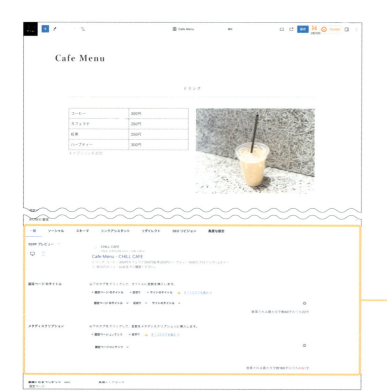

ページ編集画面の下部に「All in One SEO」の編集機能が追加されている

タイトルとディスクリプションは各ページで設定することができるよ。それぞれのWebページの内容に合わせて設定しよう。

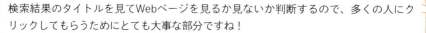
検索結果のタイトルを見てWebページを見るか見ないか判断するので、多くの人にクリックしてもらうためにとても大事な部分ですね！

Chapter 11-03 SNSを活用しよう

WebサイトとSNSを連携して、ユーザーが情報を受け取れる機会を増やすことで、より興味を持ってもらえたり、ファンになってもらえる可能性にも繋がるよ。

Webサイトをきっかけに、SNSをフォローしてもらえたらWebサイトとSNSの相乗効果が期待できますね！

WebサイトとSNSを連携しよう

Webサイトは深い情報や過去の情報を検索しやすいストック型メディアであり、SNSはリアルタイムの情報を届けやすいフロー型メディアです。WebサイトとSNSを連携し、それぞれのメディアの特性を活かして、ユーザーが情報に接触する機会を増やすことで、より興味や関心を持ってもらえたり、ファンになってもらえる可能性が高まります。WebサイトとSNSを積極的に連携させていきましょう。WordPressで作成したWebページに、Xのタイムラインを埋め込む方法を解説していきます。

投稿にXを埋め込もう

投稿にXのタイムラインを埋め込みましょう。XのURLを貼り付けるだけで表示させることができます。ここでは、Chapter6で作成した投稿内にタイムラインを埋め込みます。

1 [投稿]>[投稿一覧]をクリックする

2 [Xを始めました]をクリックする

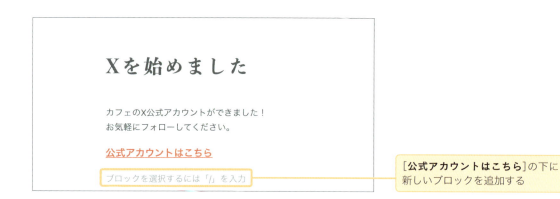

［公式アカウントはこちら］の下に新しいブロックを追加する

3 ［ブロック挿入ツール］をクリックする

4 ［Twitter］をクリックする

5 XのプロフィールページのURLを入力する

6 ［保存］をクリックする

Xのタイムラインが表示された

更新したWebページに、Xのタイムラインが表示されている

 タイムライン表示でフォローを促そう

Xのタイムラインを表示することで、実際のツイート内容が表示されるので、ユーザーに興味を持ってもらいやすくなります。表示されたタイムラインからXに直接飛ぶことができるので、フォローしてもらえる可能性も高まります。

他のSNSもプラグインやブロックを利用して、Webページに埋め込むことができます。

● Webページへの SNS の埋め込み方法

SNS	埋め込み方法	Webページでの表示
Instagram	プラグイン「Smash Balloon Social Photo Feed」を利用してInstagramアカウントと連携し、生成された埋め込み用コードを表示したいWebページに貼り付ける	連携したInstagramアカウントの投稿一覧（フィード）が表示される
YouTube	ブロックエディターのYouTubeブロックを追加し、表示したいYouTube動画のURLを入力する	指定した動画が表示され、Webサイト上で動画の再生もできる

動画をたくさん埋め込みすぎてしまうと、Webページが重くなり、表示速度が遅くなってしまう可能性があります。動画の埋め込みは3つ程度に収めるようにしましょう。

新しい投稿を公開したらSNSでシェアしよう

　本書オリジナルテーマでは、各投稿にFacebookとXのシェアボタンが基本機能として設置されています。新しい投稿を公開したときや、情報を更新したときにはシェアボタンを活用してSNSでシェアすることができます。Webサイトの更新情報をSNSで積極的にシェアして、ユーザーがコンテンツに接触できる機会を増やす工夫をしましょう。

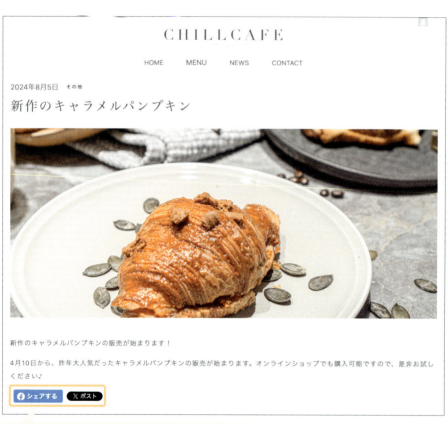

投稿ページにはSNSシェアボタンが標準装備されています。更新したときに活用しましょう！

Try to Attract Visitors to Your Website

Chapter 11 04 Webサイトのアクセス状況を確認しよう

Webサイトがどのくらいの人に見てもらえているのか気になるのですが、アクセス数を確認することはできますか？

アクセス解析ツールを導入することで、Webサイトにどのくらいの人がアクセスしてくれているのか、各Webページがどのくらい見てもらえているのかを数字で確認できるよ！

アクセス解析ツールを導入しよう

　Webサイトは完成したら終わりではなく、より多くのユーザーに閲覧してもらうために改善していくことが大切です。アクセス解析ツールを導入することで、実際にどのくらいの人がWebサイトを閲覧しているのか、何を経由してWebサイトにアクセスしたのか、どのページがよく閲覧されているのかなどを確認できます。アクセス解析ツールを活用して、より多くの人に閲覧してもらえるWebサイトにブラッシュアップしていきましょう。

アクセス解析は何をチェックすればいいの？

　アクセス解析ツールを導入して、ただ数字を眺めているだけでは意味がありません。アクセス解析ツールを使って具体的な数字を見て、改善点を見つけることが大切です。とはいえ、初心者にとってはアクセス解析ツールで具体的にどの数字をチェックすればいいのか判断が難しいものです。まずは、以下3つのポイントをチェックするようにしましょう。

> **point　アクセス解析ツールでチェックすべきポイント**
> ① どのくらいの人がアクセスしたのか
> ② ユーザーがよく閲覧しているWebページはどれか
> ③ 何を経由してアクセスしたのか

　①Webサイト全体でどのくらいの人がアクセスしているのか、全体の数字を把握します。また、②どのWebページがユーザーによく閲覧されているのかを確認することで、ユーザーが何に興味を持っているのかを把握しましょう。

333

そして、アクセスしたユーザーはGoogleでの検索結果からなのか、Xからなのかなど、③何を経由してWebサイトにアクセスしたのかというアクセスの導線を確認します。まずこの3つのポイントをチェックしてユーザーの行動を把握し、改善点を見つけることから取り組んでみましょう。

　本書ではアクセス解析ツールとして、プラグイン「WP Statistics」を設定します。「WP Statistics」をインストールすれば他のアクセス解析ツールなどの登録や連動は不要で、ダッシュボード上でアクセス解析の数字を確認することができるので、初心者におすすめのプラグインです。

WP Statistics
プラグインを有効化すれば、WordPressのダッシュボード上でWebサイトのアクセス数やページ毎のアクセス数を確認できます。

アクセス解析プラグイン「WP Statistics」を設定しよう

　プラグイン「WP Statistics」を追加して、アクセス解析の画面を確認していきましょう。プラグインの有効化後、数時間後にはデータが反映されます。

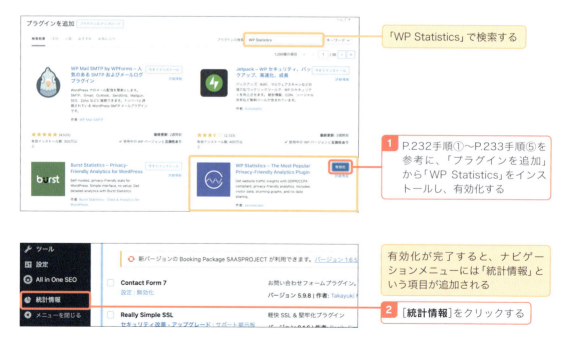

「WP Statistics」で検索する

1 P.232手順①〜P.233手順⑤を参考に、「プラグインを追加」から「WP Statistics」をインストールし、有効化する

有効化が完了すると、ナビゲーションメニューには「統計情報」という項目が追加される

2 ［統計情報］をクリックする

こちらのページからアクセス数や流入経路、ページ毎のアクセス数などをチェックすることができる

アクセス解析のチェックすべきポイントを確認しよう

「WP Statistics」では具体的にどの部分をチェックすればいいのか、チェックすべき以下3つの項目を確認しましょう。

① どのくらいの人がアクセスしたのか ………………… ［統計情報］>［概要］の「Traffic Summary」
② ユーザーがよく閲覧しているWebページはどれか… ［統計情報］>［概要］の「最もアクセスされているページ」
③ 何を経由してアクセスしたのか ………………… ［統計情報］>［参照元］

まずはこの3つをチェックして、Webサイトのコンテンツや導線をブラッシュアップし、成果に繋がる運営を目指していきましょう。

サンプルサイトの場合、予約やお問い合わせを獲得することがゴールになります。予約数やお問い合わせの数は、アクセス解析ツールではなく、予約カレンダーからの予約数やお問い合わせフォームからの連絡数をカウントしましょう。

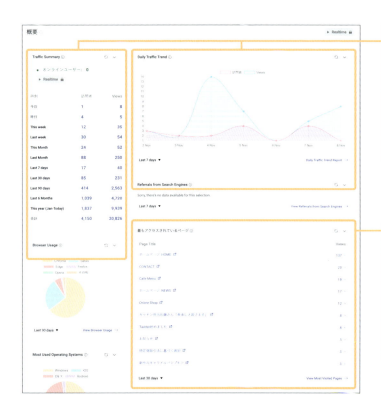

① どのくらいの人がアクセスしたのか

「Traffic Summary」で日、週、月、年の単位で数字を確認できます。「訪問者」はアクセスしたユーザーの人数、「Views」は累計のアクセス数です。「Daily Traffic Trend」ではグラフで確認できます。

② ユーザーがよく閲覧しているWebページはどれか

「最もアクセスされているページ」では、Webページのアクセス数ランキングが表示されています。ここを見れば、どのWebページがよく閲覧されているかを確認することができ、ユーザーの興味のあるコンテンツを確認できます。

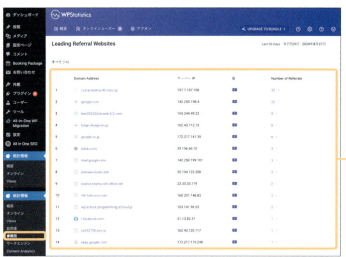

③ 何を経由してアクセスしたのか

ナビゲーションメニュー[統計情報]>[参照元]の「Leading Referral Websites」では、何を経由してWebサイトにアクセスしたのか参照元のランキングが表示されます。参照元の数字をチェックして、アクセスしてもらうための導線の改善に繋げましょう。

アクセス解析ツールには、Googleアナリティクスなどの有名なものもあるけれど、最初のうちは、必要な数字だけ確認できる「WP Statistics」がおすすめだよ！

Webサイトの安全な運営方法を知ろう

Webサイトを安全に運営していくためには、セキュリティ対策や、万が一のときに備えて、Webサイトを復元できるバックアップを取っておくことが大切です。安全に運営していくために必要な知識を学びましょう。

01 定期的にバックアップを取ろう

リスクに備えて定期的にWordPressのバックアップを取っておこう！プラグインを使ってバックアップを取得する方法を解説するよ。

万が一WordPressに不具合やエラーが発生したときも、バックアップデータがあれば安心ですね。

バックアップはどうして必要なの？

バックアップとは、データ破損などの事故に備えて、現状のデータを保存しておくことです。WordPressは、バージョンやテーマなどのアップデートの影響を受けて、Webサイトのレイアウトが崩れてしまったり、エラーで画面が真っ白になってしまうなどの事故が起きる可能性があります。そのようなときに、バックアップしたデータがあればWebサイトを復元することができるので、万が一に備えて、バックアップを取ることが大切です。

また、Webサイトの管理者が意図的に更新をかけるタイミングでなくても、サーバー障害で突然データが消えてしまう、Webサイトをハッキングされてデータを壊されてしまうといった可能性もゼロではありません。このようなリスク対策として、定期的にバックアップを取得しておくことがおすすめです。

定期的なバックアップに加えて、以下のような作業をする前にも、バックアップを取得しましょう。

> **point　バックアップを取るべきタイミング**
> ・WordPressバージョンの更新前
> ・プラグインやテーマの更新前
> ・テーマの変更前
> ・Webサイトの更新作業前

バックアップはプラグインを使うことで簡単に取得ができます。

UpdraftPlus
1クリックでバックアップの取得と復元ができる便利なプラグインです。

バックアップを取得しよう

プラグイン「UpdraftPlus」を有効化して、バックアップを取ってみましょう。

「UpdraftPlus」で検索する

1 P.232手順①〜P.233手順⑤を参考に、「プラグインを追加」から「UpdraftPlus」をインストールし、有効化する

有効化が完了すると、ナビゲーションメニューに[UpdraftPlus]という項目が追加される

2 [UpdraftPlus]をクリックする

このページから、バックアップの取得や、データの復元ができる

3 [今すぐバックアップ]をクリックする

4 上2つのチェックボックスにチェックが入っていることを確認する

5 [**今すぐバックアップ**]をクリックする

memo
バックアップの完了には時間がかかる場合があります。

6 [**閉じる**]をクリックする

バックアップの取得完了
「既存のバックアップ」の部分に、取得したデータが記録される

データを復元しよう

取得したバックアップデータを使って、バックアップ時のWebサイトの状態に復元することができます。先ほどの画面の「既存のバックアップ」から、復元の作業を行ってみましょう。

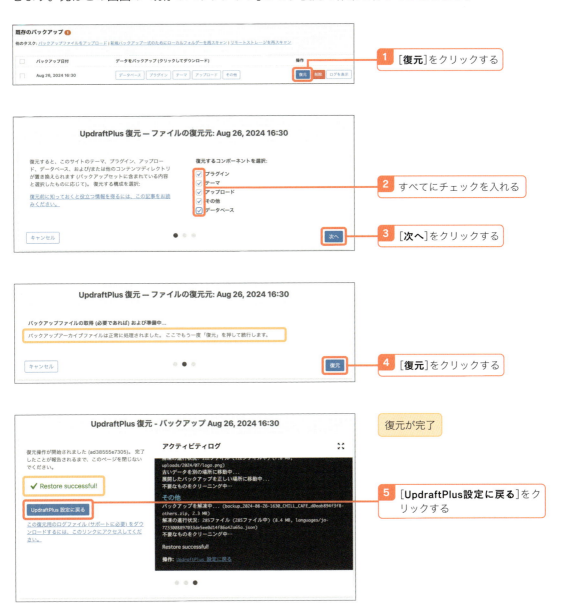

6 ［古いフォルダーを削除］をクリックする

memo

復元が完了したら、古いデータ（フォルダー）は削除します。

古いフォルダーが削除された

7 ［UpdraftPlus設定に戻る］をクリックする

これでバックアップの復元作業は完了

注意

データの復元を行うと、指定したバックアップ時のWebサイトの状態に戻ります。バックアップを取っていないと最新のWebサイトの状態に戻せなくなるので、復元作業を行う際は注意しましょう。

Chapter 12

02 最新バージョンにアップデートしよう

WordPressバージョンやテーマ、プラグインは頻繁にアップデートが行われるよ。アップデートされたら最新版に更新しよう！

WordPressを最新の状態に保とう

　WordPressバージョン、テーマ、プラグインは定期的にアップデートが行われ、アップデートに伴い最新版への更新作業が必要になります。古いバージョンのままずっと放置しておくと、脆弱性が高まり、不正アクセスやWebサイトの改ざんなどの被害を受けやすくなります。アップデート情報を確認したときは、更新作業を行い、Webサイトを安全に運営していきましょう。

更新情報はどうやって確認するの？

　更新情報は、WordPressのダッシュボードから確認することができます。WordPressの新しいバージョンが出たときは、下図のようにダッシュボードのホーム画面に通知が表示されます。また、テーマやプラグインの更新情報は、ナビゲーションメニューの[**ダッシュボード**]>[**更新**]から確認できます。更新が必要なものがあるときは、メニューの横に赤丸の数字が表示されるので、都度チェックするようにしましょう。

● ダッシュボードでの更新情報の確認

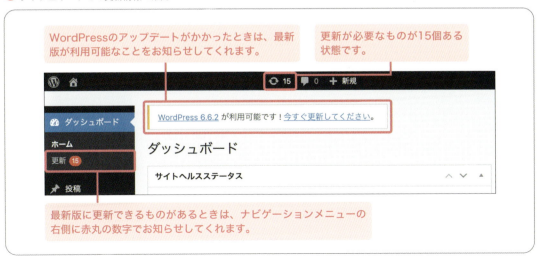

343

最新版に更新しよう

WordPressの更新方法を確認しましょう。WordPressのバージョン、プラグイン、テーマの3つの更新をそれぞれ行います。WordPress、テーマ、プラグインなどの最新版への更新作業はナビゲーションメニューの[**ダッシュボード**]>[**更新**]からできます。

WordPressをインストールしたばかりの時点では最新の状態になっており、更新情報が何もないこともあります。

1 WordPressを最新版に更新しよう

WordPressの最新版が出ている場合は、現在使用しているバージョンと新しいバージョンの表示が確認できます。WordPressを最新版に更新するには、「WordPressの新しいバージョンがあります。」という表記の下にある[**バージョンx.x-jaに更新**]をクリックします。

1 [**ダッシュボード**]>[**更新**]をクリックする

WordPressの最新版が出ている場合は、現在のバージョンと新しいバージョンが表示される

「重要：更新する前に、データベースとファイルをバックアップしてください。」という注意書きの通り、WordPressのバージョンを更新する際は、事前にバックアップを取っておきましょう。

② [バージョン x.x-jaに更新]をクリックする

更新完了の画面が表示されます（更新するバージョンによって更新完了時の表示画面は異なります）

② プラグインを最新版に更新しよう

続いてプラグインを更新しましょう。「プラグイン」の欄に、更新可能なプラグインが一覧で表示されています。更新したいものにチェックを入れて[**プラグインを更新**]をクリックします。更新が完了したら、更新ページに戻りましょう。

① アップデートするプラグインにチェックを入れ、[**プラグインを更新**]をクリックする

一括で選択したいときは[**すべて選択**]をクリックする

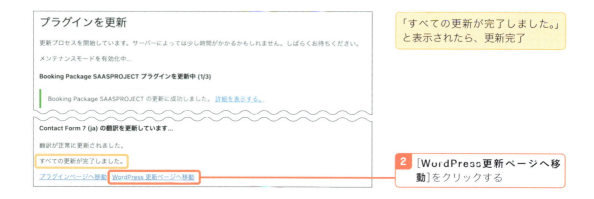

3 テーマを最新版に更新しよう

　テーマを更新しましょう。「テーマ」の欄に、アップデート可能なテーマが一覧で表示されています。プラグイン更新と同様にアップデートしたいものにチェックを入れて、[**テーマを更新**]をクリックします。

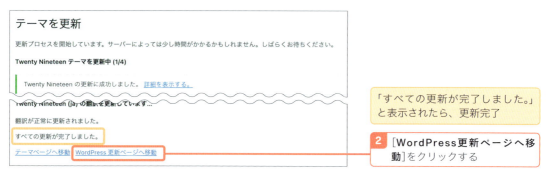

すべての更新が完了し、更新の通知アイコンが消えた

WordPressバージョンはどんどんアップデートされていくものなんですね。Webサイトが完成してそのまま放置しないように、更新情報をチェックするように注意します！

そうだね。万が一に備えて、更新する前にはバックアップを取るようにしよう。定期的にメンテナンスを行なって、Webサイトを安全に運営していこう！

Index

記号・アルファベット

.co.jp	48
.com	38
.jp	48
.nct	48
.org	48
.tokyo	48
All in One SEO	323
Booking Package	232, 234, 243
Buy Button	269
CMS（コンテンツ・マネジメント・システム）	30
ConoHa Wing	47
Contact Form7	232, 237
CSS	18, 30
ECサイト	24, 26, 258
ECサイト制作サービス	258
Elementor Website Builder	256
EWWW Image Optimizer	256
Googleマップ	157
Hello Dolly	236
HTML	18, 30
HTMLコード	158
Instagram	317, 331
JIN	100
KIYAC	289
LP	24
Password Protected	256
QRコード	317
Rich Table of Content	256
SEO対策	198, 317, 320
Shopify	258
Shopifyペイメント	260, 280
Smash Balloon Social Photo Feed	331
SNS広告	318
UpdraftPlus	339
URL	19, 47, 55, 72, 77, 86, 92, 194, 201, 218
Web広告	317
Webサーバー	19, 85
Webサイト	18
Webサイト管理者	237
Webサイトギャラリー	28
Webサイトの種類	24
Webサイトの設計図	40, 42
Webサイトの目的	40, 42
Webデザイン	28
Webページ	18
WordPress	30
WordPress.com	38
WordPress.org	38
WordPress簡単インストール機能	41, 68
WordPressテーマ	98
WordPressバージョン	230, 338, 343
WP Multibyte Patch	235
WP Statistics	334
X	178, 317, 329
XREA	47
Yoast Duplicate Post	256
YouTube	317, 331
YouTubeブロック	331

あ行

アイキャッチ画像	189
アカウント	34, 38, 51, 58, 87, 261
アクセス解析	333
アクセス解析ツール	319, 333
アクセス数	333
アクセラレータ	64
アップデート	338, 343
インストール	68, 82, 102, 232, 235, 334, 339
インデックス	321
エックスサーバー	47
エディターナビゲーション	110
お知らせページ	27, 178
お問い合わせフォーム	237
お問い合わせページ	237
親カテゴリー	205
親子関係	173, 295
親ページ	172
親メニュー	295
オリジナルテーマ	41, 102

か 行

カート機能	258
会員制サイト	34
改行	132
階層化	172, 302
回遊率	181
カスタマイズ	34, 109, 169
カスタマイズメニュー	271
カスタムHTMLブロック	159, 277
カスタムリンク	300
画像ブロック	138, 214
下層ページ	174
カテゴリー	172, 198
カテゴリー一覧	204
カバーブロック	127, 149
カラーコード	273
カラーピッカー	273
カラム	134, 138, 160, 213
カラム数	219
カラムブロック	138, 160, 213, 221, 276
管理画面	31, 72, 74
ギフトBOX紹介ページ	297
キャッチフレーズ	90, 326
ギャラリー	28, 210
ギャラリーブロック	214
クイック編集	203
区切りブロック	212, 215, 251, 277
グループブロック	134, 159, 211, 214, 223
グローバルナビゲーション	294
クローラー	321
月額料金	46, 259
決済システム	35
決済手数料	259
検索エンジン	90, 317, 320
検索エンジン最適化	320
検索サイト	317
検索ボックス	138, 233, 269
公開	19, 45, 162
公開（アップロード）フォルダ	64
投稿一覧	174, 189, 198, 219, 329
広告出稿	317
公式サイト	261, 285
更新	173, 316, 338, 343
購入ボタン	258, 267

コード	52, 59, 157, 237, 240, 250, 274
コーポレートサイト	24, 37
子カテゴリー	205
互換性	230
固定ページ	75, 172, 211, 219, 238, 276, 290
子ページ	172
子メニュー	295
コメント欄	94
コンセプト	127
コンタクトフォーム	237
コンテンツ幅	137
コンバージョン	295

さ 行

サービスサイト	24, 27
最新の投稿ブロック	221
サイドバー	219
サイトマップ	43, 298
サイトを表示	75, 94, 106
再読み込み（リロード）	119, 124
さくらインターネット	47
サムネイル	189
サンプルサイト	4, 23
シェアボタン	332
時系列	172
下書き	195
自動返信メール	240
詳細設定パネル	114, 177
数字ベース	93, 194
スタータープラン	259
スターレンタルサーバー	47
スタイルシート言語	18
スタンダードプラン	259
ストック型メディア	329
スペーサーブロック	133, 141, 147, 152, 155, 156, 162, 212, 214, 216
スライダー機能	120
スラッグ	201
ソフトウェア	30, 38

349

た 行

タイトル	90, 177
ダウンロード素材	90, 103, 116, 122, 139, 150
ダッシュボード	72
タブ	75, 183
段落ブロック	131, 212, 215, 277
段落を作る	180
置換	143
チュートリアル	176
通知メール	241, 248, 253
ツールバー	74, 114, 126, 177
提携会社	55, 63
ディスクリプション	322
データの復元	339
テーブルブロック	210, 290
テーマ	32, 41, 98, 102
テーマカスタマイザー	169
テーマカラー	98, 129
テーマのアップロード	105
テーマを追加	104
テキストの入力	127, 177
テキストの配置を変更	132
テストモード	284
デバイス	21
テンプレート	98
テンプレートパーツ	164, 222
投稿	75, 172, 175
投稿一覧ページ	174, 219
投稿予約	197
動作確認	278
導線	111, 149, 181, 219, 294, 316, 334
独自ドメイン	47, 55, 63
特定商取引法に基づく表記	289
トップページ	5, 95, 111, 125
ドメイン	19, 40, 47
ドメイン取得サービス	48, 56

な 行

ナビゲーション	294
ナビゲーションメニュー	74, 296

入力フォーム	245
認証コード	52, 59
ネットショップページ	6, 27, 276

は 行

パーマリンク	89, 92, 194
背景画像	149
背景色	127
配色	101, 127
配置を変更	117, 145, 151, 153
パスワード	51, 58, 68, 73, 87
パスワード保護	197
パターン	165, 223, 227
バックアップ	230, 338
ハンバーガーメニュー	296
販売チャネル	269
非公開	197
紐づけ	40, 210
表	5, 210
表示設定	321
ファビコン	91
ファーストビュー	120
フォント	101
副業	36
フッター	111, 166, 294, 307
フッターナビゲーション	297, 307
不透明度	151
プライバシーポリシー	289
プラグイン	34, 75, 78, 83, 230, 250, 323, 331, 345
フルサイトエディター（フルサイト編集）	109, 169
プレビュー表示	110, 119, 325
フロー型メディア	329
ブログ	34, 38
ブログ型	99
ブログサービス	38
ブロック	32, 109, 125
ブロックエディター	32, 109, 125, 177
ブロック挿入ツール	126
ブロック追加	126
ブロックメニュー	126
ブロックを複製	142
プロモーションサイト	24

ページ構成	24, 43
ベーシックプラン	259
ページネーション	159
ヘッダー	109, 111, 164, 294
ポータルサイト	24
ポートフォリオサイト	24
ホームページ	323
ホームページ型	99
ボタンブロック	144, 153, 162, 292

ま 行

マークアップ言語	18
見出しブロック	131
未分類	199
ムームードメイン	55
無料お試し	53
無料サーバー	46
無料テーマ	99
無料プラン	38
メインビジュアル	120
メールマガジン	318
メディアサイト	37, 317
メディアライブラリ	116
メニューページ	5, 27, 210
文字サイズ	184, 187
文字色	185
文字の太さ	184

や 行

有効インストール数	230
有効化	82, 104, 231
ユーザー名	70, 73, 76, 88
ユーザー専用ページ	54, 56, 63, 68, 72
有料サーバー	46
有料テーマ	99
予約カレンダー	6, 34, 234, 242

ら 行

ランディングページ	24
リスティング広告	318
リンク	146, 154, 162, 181, 294
レイアウト	32, 98, 125, 137, 219
レスポンシブ対応	21
レスポンシブデザイン	28
レベルを変更	140
レンタルサーバー	41, 46
ログイン	56, 72, 76
ロゴ	113, 193
ロリポップ！	47, 49, 55
ロリポップ！のドメイン	51

わ 行

| ワイヤーフレーム | 43 |

■ 本書のサポートページ

https://isbn2.sbcr.jp/26754/

本書をお読みいただいたご感想を上記URLからお寄せください。
本書に関するサポート情報やお問い合わせ受付フォームも掲載しておりますので、あわせてご利用ください。

■ 著者紹介

泰道ゆりか（たいどう ゆりか）

Webデザイナー／株式会社CORELILY代表

立教大学卒業後、銀行に就職。入社3年目で体調を崩し退職したことをきっかけに「会社や環境に縛られない働き方をしたい」と考え、自身のキャリアを模索する。その中でWebデザインと出会い、社会人Webスクールで半年間勉強し、未経験からフリーランスWebデザイナーとして独立。現在は4歳の娘の子育てをしながら、Web制作業と講師業の2軸で活動中。累計受講者数は3500名以上。

［著書］
『Webデザイナーおうち起業』（2022年4月／自由国民社）
『ゼロから学べるフリーランスとスモールビジネスのためのWordPress&SNS Web集客実践講座』（2023年2月／ソーテック社）

［公式ブログ］
https://yurika-design.com/

テーマ開発……………… 田丸俊樹
執筆協力………………… 水穂このみ
素材撮影………………… 千葉はな
撮影協力………………… 株式会社Plat

ゼロから学ぶ はじめてのWordPress 第2版 ［バージョン6.x対応］

2022年10月10日　初版第1刷発行
2024年12月10日　第2版第1刷発行
2025年 3月27日　第2版第2刷発行

著　　者 ……………… 泰道 ゆりか
発行者 ………………… 出井 貴完
発行所 ………………… SBクリエイティブ株式会社
　　　　　　　　　　　　〒105-0001 東京都港区虎ノ門2-2-1
　　　　　　　　　　　　https://www.sbcr.jp/
印　　刷 ……………… 株式会社シナノ

カバーデザイン ……… 細山田 光宣＋千本 聡（株式会社 細山田デザイン事務所）
カバーイラスト ……… 水谷 慶大
本文イラスト ………… ふかざわあゆみ
制　　作 ……………… クニメディア株式会社
編　　集 ……………… 小平 彩華

落丁本、乱丁本は小社営業部にてお取り替えいたします。
定価はカバーに記載されております。

Printed in Japan　ISBN978-4-8156-2675-4